Henri Poincaré, l'œuvre scientifique, l'œuvre philosophique

Vito Volterra, Jacques Hadamard, Paul Langevin et Pierre Boutroux

Paris, 1914

Édition : BoD · Books on Demand, 31 avenue Saint-Rémy,
57600 Forbach, bod@bod.fr
Impression : Libri Plureos GmbH, Friedensallee 273,
22763 Hamburg (Allemagne)
ISBN : 978-2-3225-6986-1
Dépôt légal : Mars 2025

TABLE DES MATIÈRES

2

———

I

L'ŒUVRE MATHÉMATIQUE

Parmi les différentes manières de concevoir l'attachement à la vie, il y en a une, que peut-être M. Metchnikoff n'a pas encore envisagée. C'est un attachement à la vie qui a des raisons grandioses ; raisons bien différentes des raisons ordinaires pour lesquelles on redoute la mort.

L'esprit d'un savant vient d'enfanter des idées. Il voit qu'elles sont fécondes et utiles, mais il a le sentiment qu'elles sont encore assez vagues et qu'un long travail d'analyse lui est nécessaire pour les développer, avant que le public puisse les comprendre et les apprécier à leur juste valeur. S'il songe alors que la mort peut tout à coup rendre au néant tout ce monde de hautes pensées et que peut-être des siècles s'écouleront avant qu'un autre génie le découvre, on comprend qu'il éprouve soudain un attachement passionné à la vie et qu'à la joie de son travail se mêle désormais la crainte de l'interrompre à jamais.

On conçoit la terrible angoisse d'Abel qui sentait la mort s'approcher tandis que personne de son entourage ne comprenait les idées qu'il voulait répandre et qu'il craignait à jamais perdues. On a la vision aussi des terribles moments que Galois a dû passer avant de se battre si l'on pense que quelques heures avant d'aller sur le terrain d'où il ne devait plus revenir il n'avait pas encore écrit une ligne, sur ses grandes découvertes.

Poincaré est mort au moment le plus brillant de sa carrière, en pleine vigueur. Son esprit était jeune, des idées originales et hardies jaillissaient de son cerveau. A-t-il eu la perception que le monde qui remplissait son intelligence allait s'écrouler d'un instant à l'autre comme le superbe château du Walhalla envahi par une flamme soudaine ? Personne ne peut le dire aujourd'hui. Je souhaite pour la paix de ses dernières heures qu'il n'ait pas vu la mort s'approcher, quoique les pages de son dernier mémoire soient assombries par de tristes pressentiments.

Son cerveau maintenant repose et peut-être les heures qui coulent sont-elles ses premières heures de repos. En considérant l'activité qu'il a déployée, le nombre des questions différentes qu'il a traitées, les conceptions nouvelles de la science qu'il a si rapidement pénétrées, l'ensemble des idées originales qu'il a répandues, on est sûr qu'il n'a pu se reposer un seul instant pendant sa vie. Poincaré est resté toujours sur la brèche en bon soldat jusqu'à la mort. Il n'y a pas eu, dans les trente dernières années, une question nouvelle reliée plus ou moins directement aux mathématiques qu'il n'ait soumise à son analyse profonde et délicate et qu'il n'ait enrichie de quelque découverte ou de quelque remarque féconde.

Je crois que nul autre savant n'a été autant que lui en rapport constant et intime avec le monde scientifique qui l'entourait. Il recevait des idées et il en donnait par un échange rapide et intense, qui n'a cessé que le jour où son cœur a cessé de battre. C'est pourquoi, s'il fallait caractériser la dernière période de l'histoire des mathématiques par un nom, tout le monde prononcerait celui de Poincaré, car il a été sans aucun doute le plus répandu et le plus célèbre des mathématiciens de ces dernières années. Peu à peu il avait créé un type de savant et de philosophe. Sans que personne s'en aperçût, par des sympathies et des liaisons cachées, la plupart des mathématiciens de son temps s'efforcèrent de s'approcher de ce type.

Le mouvement scientifique, les rapports de la science avec la vie, ceux du grand public avec les savants ont profondément changé dans ces derniers temps. Les causes en sont faciles à comprendre, les effets en sont frappants. Ses découvertes éclatantes ont envahi toutes les manifestations de la vie. C'est pourquoi la science générale est devenue populaire et on attend en particulier des sciences mathématiques et physiques des résultats toujours nouveaux et toujours plus utiles. Peut-être est-on même arrivé à avoir une confiance qui dépasse leur pouvoir. Le savant qui restait caché, il y a peu d'années, dans son cabinet de travail ou dans son laboratoire, est aujourd'hui mêlé à d'autres savants et au public. Il entend les questions qu'on lui pose de tous côtés, et il est obligé de répondre et quelquefois on le presse malheureusement de répondre avant que sa pensée soit mûre.

Les Congrès et les réunions scientifiques se sont multipliés, les conférences populaires, les leçons savantes, où l'on veut connaître le dernier mot de la science se suivent. On n'a plus le temps d'attendre. La vie moderne, hâtive et tumultueuse, a envahi la demeure tranquille des savants. On publiait, il y a des siècles, de gros volumes ; c'était la synthèse de la pensée de toute la vie d'un homme. Cela n'a pas été suffisant pour le mouvement scientifique qui allait se développant. Les journaux scientifiques demandent aujourd'hui des mémoires, où les travaux sont publiés à mesure qu'on y travaille. Les comptes rendus des Académies, courts et rapides aperçus, sont survenus. On exprime en peu de mots toute découverte dès qu'on l'a entrevue. Le temps presse ; on craint qu'à la minute suivante la découverte ne soit perdue. Mais les communications des Congrès, qu'on n'a pas même le loisir de rédiger, ont dépassé en rapidité les comptes rendus des Académies et des Sociétés savantes. On veut savoir ce qu'on n'a pas encore fait. On dit ce qu'on espère trouver. On expose ce qu'on n'aura jamais le courage d'imprimer. Ce mouvement a créé un état d'âme particulier des savants et a transformé leur vie, leur manière de travailler et même de penser.

Il y a dans la vie scientifique moderne, telle que je viens de la présenter, de grands avantages. Le travail est devenu presque collectif. Les énergies des savants se somment, le découvertes se pressent, l'émulation fouette les travailleurs. Leur nombre s'accroît de jour en jour. Mais combien d'inconvénients peut-on opposer à ces avantages ! Que de travail de détail est perdu ! Peut-être cette patience, qui pour Buffon était le génie même, est-elle devenue impossible dans le tumulte de l'heure présente ?

Poincaré fut un savant moderne dans toute l'acception du mot. Il n'y eut ni Congrès, ni réunion scientifique où sa parole ne se fît entendre. La plupart des journaux scientifiques ont reçu ses mémoires et l'exposition de ses travaux. Les Universités d'Europe et d'Amérique ont entendu ses lectures et ses Conférences.

Un travail si intense et si absorbant produit facilement dans un organisme débile et maladif un surmenage dangereux. Est-ce ce surmenage qui a amené fatalement Poincaré au tombeau ?

Le travail scientifique calme et serein est bien souvent un repos pour l'esprit. Le plaisir des résultats nouveaux qu'on découvre tout à coup, comme un beau paysage au tournant d'une route de montagne, repose de la fatigue de la recherche. La difficulté d'approfondir une question est bien souvent largement compensée par des solutions qui jaillissent au moment même où l'on y pense le moins. Ce travail qu'Euler, Lagrange, Gauss ont connu sans que rien ne presse, sans que personne le demande peut se comparer à un voyage de plaisir dans le plus beau des pays. Mais le travail que les conférences publiques, les leçons réclament, que les journaux demandent pour un jour déterminé, bien souvent fatigue et irrite comme un voyage long et rapide dans un pays, dont on ne peut pas saisir ni les beautés, ni les agréments.

Je pense que même un esprit aussi richement doué que Poincaré et qui possédait toutes les virtuosités du savant et du littérateur, devait éprouver une lassitude, souvent une vraie fatigue, devant la masse de labeur qui se succédait sans relâche et sans trêve pendant des années, et qui devenait de jour en jour plus pressant et plus intense. Mais c'est la vie moderne qui le réclamait, et un homme célèbre tel que Poincaré, populaire parmi les mathématiciens, les physiciens et les philosophes, ne pouvait s'y soustraire.

Peut-être a-t-il considéré que c'était un devoir de son génie envers l'humanité de répandre ses pensées et de n'en cacher aucune. Il a donné, à mesure qu'il a trouvé, largement, en grand seigneur, qui, ayant un patrimoine immense, est sûr qu'aucune dépense ne peut l'épuiser. Il n'a jamais hésité entre le désir de faire connaître sa pensée à un large public et la crainte d'exposer des résultats qui n'étaient pas mûrs. Un flair exceptionnel le sauvegardait des fautes. Il a toujours dévoilé ses idées et il n'a jamais caché ses méthodes. Cet art subtil et ingénieux d'exposer des résultat, et de masquer la voie pour y arriver, si cher aux anciens et toujours si tentant, n'a jamais eu de prise sur lui. Il ne s'est pas arrêté pour achever et compléter ses découvertes, pour leur donner une forme systématique et définitive, et cependant il est si doux de s'arrêter et de regarder de tous les côtés ce qu'on a trouvé et qui est bien à soi, il est si agréable d'en découvrir des faces nouvelles et d'en tirer des applications.

Mais Poincaré a résisté à toutes ces tentations. Il a sacrifié à un haut idéal ces plaisirs du savant. Il a toujours marché en avant. De nouvelles questions l'attendaient. Le temps de s'occuper du détail des vieilles questions ne venait jamais. Je crois même qu'il s'est toujours défendu systématiquement des détails et qu'il n'a pas voulu donner son temps à des questions minutieuses. Ce n'était pas son affaire ni de corriger, ni de revenir sur ce qu'il avait fait. L'ensemble était tout pour lui, les particularités n'étaient rien.

Cette fougue fatale a donné à son style nerveux un cachet personnel et une marque spéciale qui le caractérise entre tous.

Il est parmi les savants comme un impressionniste parmi les artistes.

C'est peut-être à cause de tout cela qu'il est impossible de rapprocher Poincaré d'autres savants, même des savants des derniers temps. Il est trop moderne pour que toute comparaison soit possible.

Il est bien sûr qu'aucune théorie telle que la gravitation universelle ou l'électrodynamique, ne s'attache à son nom, comme à ceux de Newton, d'Ampère et de Maxwell. Parmi la foule des méthodes que chaque jour il a inventées et exploitées, y en a-t-il de comparables à celles qui ont rendu célèbres Archimède ou Lagrange ? Il faudra beaucoup de temps pour démêler tout ce qu'il y a dans ses œuvres, pour pouvoir dire ce qui germera, quelle sera l'idée la plus féconde.

Mais si l'on demande dès aujourd'hui, au lendemain de sa mort, à quel niveau il faut placer son génie, on peut répondre qu'il atteint les hauteurs où planent les grands esprits de l'humanité. Il y a une analyse, une physique mathématique et une mécanique de Poincaré que la science ne pourra pas oublier.

Sa renommée pendant sa vie a été énorme. Peu de savants et un tout petit nombre de mathématiciens ont eu une célébrité pareille à la sienne. Un physicien en trouverait l'explication dans ce que je vous ai dit tout à l'heure, en remarquant que son esprit et l'esprit de son époque vibraient à l'unisson et qu'il se trouvait toujours à la même phase que la vibration universelle. De bien grands savants ont travaillé, poussés par un effort intérieur, sans se soucier de ceux qui les entouraient. Ils ont été méconnus. Le ton de leur voix ne s'accordait pas avec celui de leur époque, les notes émises n'ont résonné que dans les époques postérieures.

Rien n'est plus difficile que de prévoir quelle sera la réputation d'un savant. L'histoire a donné trop de démentis aux prévisions faciles. Ce qu'on admire aujourd'hui ne sera-t-il pas indifférent demain ?

Mais il est sûr que la voix de Poincaré sera écoutée dans les siècles futurs et que sa renommée s'y prolongera. Il a traité un si grand nombre de questions que beaucoup développeront ce qu'il a commencé. Ses œuvres seront étudiées à fond et beaucoup les creuseront. Elles seront une mine très précieuse pour les savants qui viendront. On pourra en calculer à ce moment la richesse.

Les réflexions précédentes me paraissent justifier le point de vue que j'ai adopté dans cette étude. On ne peut résumer d'une manière digne et sûre l'œuvre entière de Poincaré et donner un aperçu complet de son esprit et de son admirable activité. Je m'efforcerai donc d'évoquer un tout petit nombre de ses découvertes en cherchant à en tracer les lignes principales et à montrer leur place à l'époque où elles furent conçues.

On voudra bien m'excuser si je rappelle des faits connus, et si j'entre dans quelques détails élémentaires. Mais, ne pouvant être complet, je désire être clair, et je tâcherai de ne pas dire les choses d'une manière trop difficile à saisir.

J'espère que l'on comprendra le choix des travaux que j'ai fait. J'ai essayé de les tirer des différentes branches des mathématiques pour suivre le cours de plusieurs grandes pensées d'Henri Poincaré.

Je commencerai par une étude de Poincaré qui la première l'a mis en vue dans, le monde des mathématiciens et du premier abord a montré tout son talent d'analyste. J'entends parler de la théorie des équations différentielles linéaires et des fonctions fuchsiennes.

La théorie des fonctions a été la conquête la plus importante faite par l'analyse dans le siècle passé. Je n'ai pas hésité, en 1900, au Congrès des mathématiciens de Paris, à appeler le XIXe siècle, le siècle de la théorie des fonctions. Une idée intuitive, telle que l'idée de fonction, que tout le monde possède et qui est liée à la conception élémentaire de quantités qui varient suivant des lois constantes, peu à peu s'est développée et a envahi tout le domaine des mathématiques.

La géométrie analytique et le calcul infinitésimal ont accueilli d'abord cette notion. L'algèbre donna une grande impulsion à son étude systématique et Lagrange a pu écrire pour la première fois une théorie des fonctions analytiques, l'ouvrage célèbre où se trouvent les germes des progrès ultérieurs. Ce n'est que par l'extension du champ de variables que la théorie s'est constituée d'une manière définitive. Il a fallu considérer les valeurs imaginaires et complexes des quantités qu'on envisageait pour arriver à expliquer les propriétés les plus cachées et les plus importantes des fonctions. Étudier une fonction sans considérer ses valeurs imaginaires et complexes, ce serait dans beaucoup de cas vouloir connaître un livre en regardant ce qui est écrit au dos, sans lire les feuillets du volume. Cauchy, Riemann et Weierstrass ont le plus contribué à nous apprendre à lire à l'intérieur de ce livre mystérieux. Il a fallu tout leur génie pour nous en dévoiler les secrets les plus intéressants.

Mais comme il arrive souvent, une théorie générale ne peut se constituer qu'après une étude profonde de quelque cas particulier. Il faut toujours un guide pour s'orienter dans une région nouvelle et qui n'est pas encore explorée. Ce qui a guidé dans la théorie des fonctions ce fut l'étude particularisée des fonctions elliptiques. Une foule de questions d'algèbre, de mécanique, de géométrie et de physique amenèrent à développer cette branche de l'analyse qui suivait de près celle des fonctions trigonométriques : les fonctions élémentaires qu'Euler avait déjà reliées aux logarithmes et aux exponentielles.

L'histoire des fonctions elliptiques est très connue. Elle a été écrite maintes fois, car elle est une des parties les plus intéressantes de l'histoire des mathématiques. On est passé, de surprise en surprise en passant de chaque étape de son développement à l'étape suivante qui ménageait de nouvelles découvertes, c'est-à dire des merveilles nouvelles. Il est arrivé que la théorie générale des fonctions, ainsi que toutes les autres branches particulières qui y sont reliées, a été moulée sur le modèle de la théorie des fonctions elliptiques et c'est ainsi que celle des fonctions fuchsiennes, qui est la dernière, en reproduit aussi, selon le plan de Poincaré, les lignes générales.

Comme il est bien connu, les principes sur lesquels est bâtie la théorie des fonctions elliptiques, sont au nombre de trois : le théorème d'addition, le principe de l'inversion et celui de la double périodicité. Tout le monde a appris dans les éléments de la trigonométrie que l'on peut calculer par des formules algébriques très simples le sinus et le cosinus de la somme de deux arcs, si l'on connaît le sinus et le cosinus de ces arcs. Sous sa forme définitive, le théorème d'addition des fonctions elliptiques est tout à fait pareil à celui que nous venons de rappeler. Mais ce n'est pas sous cette forme qu'il s'est présenté d'abord. Fagnano, savant italien qui vivait en dehors de tout milieu scientifique, mais qui avait beaucoup de talent, l'a reconnu dans les propriétés géométriques d'une courbe spéciale, la lemniscate de Bernoulli. Il a fallu tout le génie d'Euler pour démêler la vraie nature de cette propriété et l'obtenir dans toute sa généralité. L'autre principe, plus caché et qui se révéla beaucoup plus tard est celui de la double périodicité. La périodicité des fonctions trigonométriques ressort immédiatement de leur définition même. La double périodicité des fonctions elliptiques n'a été découverte que lorsqu'Abel et Jacobi ont établi le principe de l'inversion, c'est-à-dire lorsqu'ils ont pris à rebours toute la théorie des fonctions elliptiques. Legendre, qui la croyait déjà complète, dut s'apercevoir que de nouvelles conceptions fondamentales allaient se révéler.

Abel et Jacobi ont continué à marcher dans la route qu'ils avaient frayée et la théorie générale des intégrales des fonctions algébriques a été définitivement établie par le théorème d'Abel, qui étend le théorème d'addition, par le principe général de l'inversion, que Jacobi a énoncé pour la première fois, par la périodicité multiple, et enfin par l'usage des fonctions qu'on appelle fonctions jacobiennes.

Le principe de l'inversion sous une forme nouvelle, l'extension de la conception de la périodicité, le type renouvelé des fonctions jacobiennes, ont été transportés d'emblée par Poincaré dans un nouveau domaine, celui des équations différentielles linéaires. C'est en cela que consiste son travail d'analyse sur les fonctions fuchsiennes.

Après les quadratures, c'est l'intégration des équations différentielles qui est le grand problème du calcul infinitésimal. Les équations différentielles les plus simples sont les équations linéaires. On conçoit une équation de cette sorte si l'on imagine une relation du premier degré entre le déplacement d'un mobile, sa vitesse et son accélération, les coefficients de l'équation dépendant d'une manière quelconque du temps. L'équation particulière que nous venons de définir est du second ordre, parce que la vitesse est la dérivée première et l'accélération est la dérivée seconde du déplacement, mais on peut imaginer des équations linéaires où paraissent des dérivées d'un ordre quelconque.

Lagrange et un grand nombre de mathématiciens avaient étudié ces équations. Mais c'est Gauss qui en avait pénétré à fond une classe spéciale. Il l'avait reliée à sa série, c'est-à-dire à la fonction hypergéométrique. Riemann était allé plus loin dans un mémoire célèbre. On a aussi trouvé dans ses papiers inédits des résultats de la plus grande importance. Il paraît que Weierstrass, sans rien publier, avait aussi découvert bien des choses sur ce sujet. Mais on doit à Fuchs un article paru en 1866, qui a appelé l'attention du monde scientifique sur la nouvelle manière d'envisager les équations différentielles linéaires. Si l'on veut se former une idée du niveau auquel Fuchs avait porté la question, on peut le comparer à celui où se trouvait la théorie des fonctions elliptiques après les travaux de Legendre, et avant ceux d'Abel et de Jacobi.

Cependant on avait déjà fait quelques pas dans la nouvelle voie qui allait s'ouvrir, car on connaissait la fonction modulaire et sa théorie.

Les intégrales des fonctions algébriques se reproduisent augmentées de constantes, lorsqu'on tourne autour des points singuliers. Cette propriété est la source de la périodicité des fonctions elliptiques. D'une manière analogue, l'ensemble des intégrales fondamentales d'une équation linéaire à coefficients algébriques se reproduit, lorsqu'on tourne autour d'un point singulier, d'après une transformation linéaire. Il fallait chercher dans cette remarquable proposition la clef des propriétés des fonctions qui se déduisent des équations différentielles linéaires par un procédé comparable à celui de l'inversion des intégrales elliptiques.

Si l'équation est du second ordre, le rapport de deux intégrales fondamentales subit une substitution linéaire lorsqu'on parcourt un chemin fermé autour d'une singularité. Donc la variable indépendante regardée comme fonction du rapport de deux intégrales doit demeurer invariante par des substitutions linéaires de ce rapport. La propriété qui devait remplacer la périodicité était ainsi trouvée et du même coup le principe de l'inversion. Poincaré s'est attaché à cette idée fondamentale et en interprétant d'une manière géométrique ce que nous avons appelé tout à l'heure une substitution linéaire, il a commencé une étude systématique de ces substitutions faisant partie d'un même groupe discontinu, car il est évident que des fonctions monodromes demeurant invariantes par des groupes continus de substitutions ne peuvent être que des constantes.

Les substitutions linéaires correspondent au point de vue géométrique à des transformations du plan par des inversions par rayons réciproques composées avec des réflexions. Elles ont un rôle très important dans la géométrie non-euclidienne, ainsi que plusieurs géomètres, entre autres Beltrami, l'ont démontré. Poincaré distingue deux espèces de groupes, ceux qu'il appelle des groupes kleinéens, qui sont les groupes discontinus les plus généraux, et les groupes fuchsiens. Ces derniers interprétés géométriquement laissent fixe l'axe réel, mais par leur composition avec une nouvelle substitution laissent invariable un cercle. C'est le cercle que Poincaré appelle fondamental. La recherche de tous les groupes discontinus est ainsi ramenée aux divisions régulières possibles du plan et de l'espace.

Poincaré distingue dans les substitutions fuchsiennes des familles différentes et il obtient tous les groupes correspondants.

Il fallait maintenant construire effectivement les fonctions qui demeurent invariables pour les substitutions de ces groupes. Ce sont les fonctions fuchsiennes.

Jacobi était arrivé, en partant des fonctions elliptiques, à la fonction qu'il avait appelée θ, c'est-à-dire à la fonction jacobienne. Elle n'est pas périodique, mais elle possède ce qu'on appelle la périodicité de troisième espèce, car en augmentant la variable d'une période, elle se reproduit multipliée par des exponentielles. Jacobi avait montré que la manière la plus simple pour exposer la théorie des fonctions elliptiques consiste à définir d'abord directement la fonction θ par une série et à en trouver algébriquement les propriétés ; une fois calculée la fonction θ, les fonctions doublement périodiques sont données par des rapports très simples.

Poincaré a suivi pour les fonctions fuchsiennes un chemin analogue. Il commence par calculer les θ-fuchsiennes sous forme de séries et il remarque les changements qu'elles éprouvent par des substitutions linéaires de la variable d'un groupe fuchsien. Des rapports formés par ces θ-fuchsiennes demeurent inaltérés lorsqu'on assujettit la variable aux substitutions du même groupe.

C'est ainsi que les nouvelles transcendantes ont été créées. Par leur introduction dans les mathématiques un domaine de l'analyse s'est constitué. Nous n'entrerons pas dans le détail des propriétés de ces nouvelles fonctions et de leurs liaisons avec les fonctions abéliennes et d'autres transcendantes. Nous ne parlerons pas d'une foule de questions d'arithmétique, d'algèbre et d'analyse qui s'y relient.

Mais il nous faut dire un mot sur le point d'attache des fonctions fuchsiennes avec les intégrales des équations différentielles linéaires à des coefficients algébriques. La marche suivie par Poincaré à ce propos est analogue à celle qu'on suit pour exprimer les intégrales abéliennes par les fonctions θ généralisées par Jacobi ou θ-abéliennes. C'est pourquoi il a introduit les fonctions zéta-fuchsiennes qu'on dérive aussi des fuchsiennes. Ce sont ces transcendantes qui expriment les intégrales qu'il voulait calculer.

On a demandé plusieurs fois : les fonctions fuchsiennes ont-elles des applications ? Mais on peut répliquer : qu'est-ce que signifie pour une théorie avoir des applications ? La pierre de touche d'une théorie consiste-t-elle dans son emploi en mécanique et en physique ? La théorie des coniques, que les Grecs ont élevée à un si haut degré de perfection, a-t-elle eu sa place d'honneur dans la géométrie le jour seulement où l'on a cru que ces courbes étaient les orbites des planètes ? Ne constituait-elle pas un monument artistique superbe, même en dehors de toute idée pratique ?

Laissant de côté ces questions qui nous détourneraient de notre exposé, il nous faut abandonner l'analyse et passer à d'autres branches des mathématiques.

Il y a deux espèces de physique mathématique. Par une ancienne habitude on les regarde comme appartenant à une seule branche et en général on les enseigne dans les mêmes cours, mais leurs types sont bien différents. Dans la plupart des cas, ceux qui s'intéressent beaucoup à l'une, dédaignent un peu l'autre.

Une analyse difficile et subtile s'est attachée aux questions physiques. Elle se pose en leur nom des problèmes et elle tâché de les résoudre d'une manière complète et exacte. Elle s'efforce aussi de démontrer par des méthodes rigoureuses des propositions, telles que les théorèmes d'existence, qui sont fondamentales au point de vue mathématique et logique. C'est la physique mathématique de la première espèce.

Je crois ne pas me tromper en disant que beaucoup de physiciens regardent cette flore mathématique, comme un ensemble de plantes parasites du grand arbre de la philosophie naturelle. Mais ce dédain est-il justifié ? Dans l'évolution de la physique mathématique ces recherches vont jouer probablement un rôle, toujours plus grand.

Exposez à un enfant les premières propositions d'Euclide. Ce ne sont pas les propriétés géométriques qui l'étonnent, mais ce qui le surprend est qu'il faut les démontrer, car son esprit n'est pas encore assez mûr pour en douter. De même certains théorèmes qu'on démontre en physique mathématique produisent dans quelques esprits une surprise analogue.

Nous ne connaissons pas assez l'évolution de la géométrie avant Euclide et nous voyons aujourd'hui son œuvre parfaite. Il est bien probable que dans la constitution de la géométrie on est passé par des périodes où des dédains, pareils à ceux auxquels nous avons touché, se sont manifestés et ont peu à peu cessé.

Il y a cependant une autre physique mathématique qui forme un ensemble inséparable de la considération des phénomènes. On ne pourrait comprendre aucun progrès dans leur étude sans l'aide que cette analyse mathématique y apporte. Pourrait-on imaginer la théorie électromagnétique de la lumière, les expériences de Hertz et le télégraphe sans fil, sans l'analyse mathématique de Maxwell qui les a engendrés ?

Poincaré a dominé ces deux espèces de physique mathématique. Il était un analyste hors ligne et il avait aussi l'esprit d'un physicien. Nous allons chercher parmi ses travaux la preuve de ce que nous venons de dire.

Le mémoire de Poincaré paru en 1894 dans les *Rendiconti di Palermo*, est un de ses plus intéressants ouvrages. Il a pour titre : « Sur les équations de la physique mathématique. » L'auteur présente la question qu'il va traiter dans une courte introduction où il rappelle les travaux de quelques-uns de ceux qui l'ont précédé. Mais la question a une longue histoire, dont je dirai quelques mots.

Je commence par remarquer que le travail a un caractère essentiellement analytique et qu'il appartient à la physique mathématique de la première espèce. D'où vient en effet l'intérêt de la recherche à laquelle un si grand nombre de mathématiciens se sont attachés ? Nul physicien ne pourrait douter, par exemple, qu'une membrane élastique doit donner une infinité de sons, ayant des hauteurs différentes que l'on peut disposer dans une échelle infinie, discontinue, qui va du ton le plus grave aux tons les plus aigus. L'exemple des sons produits par une corde élastique ou par une verge était suffisant pour induire ce qui devait arriver lorsqu'on passe du cas d'une seule dimension à celui de deux dimensions, et même ce qu'on doit trouver lorsqu'on envisage un corps vibrant à trois dimensions. Mais pour les mathématiciens il fallait donner une preuve rigoureuse de ces vérités, et la démonstration en était très difficile et très cachée. On ne doit pas soupçonner que la recherche analytique avait pour but de calculer effectivement les hauteurs des sons. Toute application pratique de ce calcul était en général éloignée de la pensée des mathématiciens. Ce n'était que le point de vue logique pur qui donnait de l'importance à la question. Sa difficulté en augmentait l'intérêt et elle devenait par suite une question passionnante.

On pouvait se rendre compte d'une manière intuitive du résultat, non seulement par l'analogie que j'ai indiquée tout à l'heure, mais aussi par un procédé d'induction qui a une importance philosophique de premier ordre.

Lagrange avait consacré un chapitre de sa mécanique analytique à la théorie des petits mouvements. Ce chapitre est un des plus beaux de son ouvrage et l'auteur, dans le cas qu'il a envisagé, a pu conduire jusqu'au bout les intégrations et obtenir des formules très simples et très intéressantes. Les périodes de vibration d'un ensemble de molécules en nombre fini, unies entre elles par des liaisons quelconques et qui oscillent autour d'une position d'équilibre stable, sont obtenues par Lagrange, au moyen des racines d'une équation algébrique. Tout système peut être conçu évidemment comme un ensemble de molécules disposées dans un espace à une, deux ou trois dimensions, selon que l'on envisage une corde, une membrane ou un corps solide. Il suffit donc de remplacer le nombre fini des molécules de Lagrange par l'ensemble que nous venons de considérer, pour étendre son résultat aux différents cas. Ce procédé donne un aperçu très clair et très suggestif de l'allure du phénomène. Mais il ne constituait pas, tout seul, sans d'autres développements, une démonstration suffisante pour des mathématiciens.

La question que nous venons de considérer au point de vue de la théorie du son se pose aussi, tantôt d'une manière identique, tantôt sous une forme analogue, dans plusieurs autres questions de physique mathématique. C'est ainsi qu'on la rencontre lorsqu'on envisage d'autres vibrations qui ne sont pas des vibrations sonores, par exemple les vibrations électromagnétiques. On la rencontre aussi dans quelques problèmes d'une autre nature, tels que ceux de la théorie de la chaleur.

Un résultat était assuré depuis 1885 d'une manière certaine et qui satisfaisait complètement tout mathématicien. C'était la démonstration analytique de l'existence du son fondamental, c'est-à-dire de la première harmonique, qui correspond à l'absence de tout nœud et de toute ligne nodale dans la membrane vibrante. M. Schwarz y était arrivé en étudiant des questions d'une nature différente. Il approfondissait depuis longtemps la théorie des surfaces minima, c'est-à-dire des surfaces dans lesquelles se dispose en équilibre une couche liquide très mince ayant une tension superficielle, par exemple une couche d'eau où l'on a dissous du savon. Dans le problème du calcul des variations auquel on était amené, il fallait distinguer les maxima des minima. On était par là conduit à envisager la question suivante : une fonction de deux variables s'annule à la frontière d'un domaine à deux dimensions. Le rapport de son paramètre du second ordre à sa valeur est une constante négative dans tous les points du domaine. Quelle est la plus petite valeur absolue de ce rapport ? Or, le problème des sons dus aux vibrations d'une membrane consiste à trouver toutes les valeurs de ce rapport. C'est pourquoi le problème de Schwarz n'était qu'un cas particulier de celui-ci.

Il s'agissait donc d'aller en avant et de trouver toutes les autres valeurs au delà du minimum de Schwarz. M. Picard avait découvert des propriétés de la plus grande importance et démontré l'existence de la seconde harmonique. Poincaré avait déjà attaqué le problème dans un travail publié dans l'*American Journal of Mathematics*. Mais il faut avouer que dans ce travail il était encore éloigné de la solution générale. Il a pris sa revanche dans celui que nous allons examiner.

On devait soupçonner d'après le théorème de Lagrange que les différents sons seraient ressortis comme correspondant aux racines d'une fonction transcendante. C'est à la construction d'une de ces fonctions plus spécialement à la preuve de son existence que Poincaré s'est attaché. Voyons de quelle manière. On a commencé par ajouter un terme à son équation, c'est-à-dire que l'équation qu'il envisage d'abord est composée de trois termes. Le premier est le paramètre différentiel du second ordre, le second terme est la fonction inconnue multipliée par une nouvelle variable indépendante et le dernier est une fonction qu'il suppose arbitraire. Nous appellerons cette équation l'équation auxiliaire. L'équation primitive qui manquait justement du dernier terme. Poincaré construit la fonction arbitraire en composant linéairement les fonctions par des coefficients constants indéterminés. Cela posé, il développe la fonction inconnue, qu'il suppose nulle à la frontière, en une série de puissances de la nouvelle variable qu'il a introduite. Ce résultat est atteint par l'emploi des fonctions de Green. Il obtient ainsi une fonction analytique, dont le développement est valable à l'intérieur d'un certain cercle et qu'on peut représenter aussi par le rapport de deux fonctions, le dénominateur étant indépendant des variables d'intégration. Par des procédés d'une extrême pénétration il montre que l'on peut choisir les coefficients indéterminés, dont nous avons parlé tout à l'heure, de manière que ces deux fonctions soient des fonctions entières. Alors, remplaçons dans l'équation auxiliaire la fonction inconnue par le rapport de ces fonctions et donnons à l'équation une forme entière en multipliant par le dénominateur. On voit immédiatement que lorsque celui-ci s'annule l'équation auxiliaire se réduit à l'équation primitive. C'est ainsi que toutes les racines de la fonction entière, qui forme le dénominateur, donnent les valeurs que l'on cherche.

Rien n'est plus simple que ce procédé que l'on a pu résumer en si peu de mots, mais il renferme un ensemble de pensées d'une finesse et d'une fécondité merveilleuses.

Ce que j'ai exposé n'est que la première partie du mémoire de Poincaré. L'étude des racines, celle des fonctions qui résolvent l'équation primitive, leurs propriétés, les développements qui en suivent, les applications effectives aux problèmes acoustiques et à ceux de la théorie de la chaleur, donnent un ensemble de résultats fondamentaux. Ils ont été appliqués à bien des cas analogues. Maintenant, ce mémoire classique reste comme un des plus beaux monuments construits par Poincaré, mais c'est par d'autres voies, celles des équations intégrales, qu'on étudie ces problèmes. Nous n'entrerons pas dans ces considérations, qui d'autre part sont devenues aujourd'hui très courantes. Nous allons envisager d'autres : questions et d'autres travaux.

Il y a peu d'années, à un certain moment on a pu soupçonner que les théories atomiques et corpusculaires perdaient du terrain. On pensait que tout pourrait être expliqué par le continu. En physique mathématique les équations différentielles aux dérivées partielles étaient obtenues en abandonnant toute hypothèse moléculaire. En chimie aussi on chuchotait que peut-être les atomes allaient devenir inutiles. Mais un souffle soudain a dispersé les légers nuages qui semblaient obscurcir les théories corpusculaires. Elles sont maintenant victorieuses et elles éclairent les différents domaines de la philosophie naturelle.

Par nécessité on a développé les vieilles théories atomiques. L'électricité a été reconnue d'abord de nature corpusculaire et peu à peu dans chaque branche ont surgi des atomes nouveaux. Les faits qu'on a trouvés se sont accordés avec les nouvelles théories. Elles sont devenues même la source plus riche et plus féconde d'autres découvertes. C'est à cause de cela que leur crédit est augmenté de jour en jour. Il est devenu tellement solide que, lorsque des contradictions se sont fatalement présentées, on n'a pas songé à se délivrer des nouvelles conceptions, mais au contraire on n'a pas hésité à sacrifier d'anciens principes qu'on ne discutait même plus. Peu à peu ce sont les théories classiques, qui semblaient assises sur des bases inébranlables, qui ont été secouées. La mécanique que depuis Galilée et Newton on regardait comme la plus solide des sciences, a été bouleversée. Une mécanique récente s'est formée, celle de la relativité. Mais il est probable qu'elle est dès aujourd'hui une mécanique vieillie. En effet n'en surgira-t-il pas une toute nouvelle en vertu du concept d'atomes d'énergie ? Et n'envisage-t-on pas dans la théorie de la relativité, une partie déjà arriérée à côté d'une autre plus avancée ?

Poincaré a été mêlé aux transformations de l'ancienne physique, à la création de la nouvelle. Sa critique et son analyse ont pénétré les modernes conceptions de tous les côtés. Il s'est passionné pour ces questions jusqu'à ses derniers jours et il a consacré plusieurs de ses articles et de ses dernières conférences à les exposer. C'est à cause de cela que Poincaré, comme il a été maître dans la première espèce de physique mathématique, été aussi dans la seconde.

L'électro-dynamique des corps en repos, après les découvertes de Maxwell et les développements de Hertz, n'a pas présenté de difficultés. Mais celle des corps en mouvement a donné lieu à bien des discussions. Hertz avait proposé une hypothèse spéciale pour passer du cas du repos à celui du mouvement, mais elle a été repoussée par l'expérience. C'est la théorie de Lorentz qui domine maintenant le cas des corps en mouvement. La découverte célèbre de Zeeman a été le plus beau triomphe de conceptions et des hypothèses de Lorentz, car celles-ci faisaient prévoir le dédoublement des raies du spectre dans un champ magnétique et ce résultat a été vérifié par l'expérience que l'on vient de rappeler.

La théorie de Lorentz a été la source d'un nouvel ordre de conceptions et de ce que j'ai appelé ci-dessus la mécanique récente de la relativité. En effet une question fondamentale s'est présentée au premier abord. Est-il possible de mettre en évidence le mouvement absolu des corps, ou plutôt leur mouvement relatif à l'éther au moyen des phénomènes optiques ou électro-magnétiques ?

Si nous voulons préciser davantage on peut se demander : Des phénomènes optiques ou électromagnétiques peuvent-ils servir à déterminer le mouvement absolu de la terre ?

Si l'on ne tient compte que de la première puissance de l'aberration, le mouvement de la terre n'a pas d'influence sur les phénomènes qu'on vient de rappeler. L'expérience l'a vérifié et la théorie de Lorentz a parfaitement expliqué ce résultat négatif.

Mais une expérience célèbre a été exécutée par MM. Michelson et Morley où l'on pouvait tenir compte aussi des termes dépendant du carré de l'aberration. Cette expérience elle-même, comme il est bien connu, a été négative.

Dans un mémoire classique de 1904, Lorentz a montré qu'on pouvait expliquer ce résultat en introduisant l'hypothèse que tous les corps sont assujettis à une contraction dans le sens du mouvement terrestre. Ce mémoire a été le point de départ des recherches ultérieures. Les travaux de Poincaré, d'Einstein et de Minkowski ont suivi de près celui de Lorentz. Poincaré en 1905 a publié un aperçu idées dans les *Comptes rendus de l'Académie des sciences*. Un mémoire étendu sur le même sujet est paru peu après dans les *Rendiconti di Palermo*.

La pensée fondamentale de tout cet ensemble de recherches est qu'aucune expérience ne peut mettre en évidence le mouvement absolu de la terre. C'est ce qu'on appelle le *Postulat de la Relativité*. Lorentz avait montré que certaines transformations, auxquelles on a donné son nom, n'altèrent pas les équations d'un milieu électromagnétique. Deux systèmes, l'un immobile, l'autre en translation, sont ainsi l'image exacte l'un de l'autre, de sorte que l'on peut imprimer à tout système un mouvement de translation sans qu'aucun des phénomènes apparents soit modifié.

Dans la théorie de Lorentz un électron sphérique en mouvement prend la forme d'un ellipsoïde aplati, deux des axes demeurant constants. Poincaré a trouvé la force spéciale qui explique à la fois la contraction de l'un des axes et la constance des deux autres. C'est une pression extérieure constante agissant sur l'électron déformable et compressible. Le travail de cette force est proportionnel aux variations de volume de l'électron. De cette manière si l'inertie et toutes les forces étaient d'origine électromagnétique, le postulat de la relativité pourrait être établi en pleine rigueur.

Mais d'après Lorentz toutes les forces, quelle qu'en soit l'origine, sont affectées par sa transformation de la même manière que les forces électromagnétiques. Quelles sont les modifications à apporter aux lois de la gravitation en vertu de cette hypothèse ? Poincaré trouve que la propagation de la gravitation doit se faire avec la vitesse de la lumière. On pouvait croire, d'après la théorie classique de Laplace, que cela était en contradiction avec les observations astronomiques. Mais ce n'est pas ainsi. Il y a une compensation qui supprime toute contradiction. Poincaré a été ainsi conduit à se proposer et à résoudre la question suivante. Trouver une loi qui satisfait à la condition de Lorentz et se réduit à la loi de Newton lorsque les carrés des vitesses des astres sont négligeables par rapport au carré de la vitesse de la lumière.

Voilà les concepts fondamentaux de Poincaré qui ont frappé dès le premier abord le monde scientifique par leur profondeur et leur intérêt. Dans son mémoire il emploie le principe de la moindre action et la théorie des groupes de transformations, car les transformations de Lorentz forment un groupe au sens où Lie prend ce mot.

Il nous suffit d'avoir rappelé ces concepts. Ils ont formé le sujet d'un si grand nombre de travaux scientifiques et de conférences populaires que tout le monde aujourd'hui les connaît et chacun peut en apprécier l'importance.

Nous terminerons en parlant des travaux de mécanique de Poincaré. C'est la partie la plus difficile à analyser de son œuvre. Il s'est occupé en effet de presque toutes les branches de la mécanique analytique : des problèmes de stabilité, de la mécanique céleste, de l'hydrodynamique, du potentiel. Le problème des trois corps a fourni le sujet d'un grand nombre de ses recherches devenues célèbres, car elles ont contribué à révolutionner les méthodes classiques. Comme il est bien connu, c'est le mémoire de Poincaré sur le problème des trois corps et les équations de la dynamique qui a été couronné du prix fondé en 1889 par le roi Oscar de Suède. De grands ouvrages de Poincaré ont suivi ce mémoire : les trois volumes sur les méthodes nouvelles de la mécanique céleste et les leçons professées à la Sorbonne. Enfin le dernier ouvrage didactique de Poincaré a été consacré à la discussion des différentes hypothèses cosmogoniques.

Les idées fondamentales qui ont guidé Poincaré dans les problèmes de l'astronomie mathématique ont été la considération des solutions périodiques, l'étude des séries qui donnent les solutions du problème des trois corps, l'introduction des invariants intégraux.

Les solutions périodiques du problème des trois corps se présentent lorsque les distances mutuelles sont des fonctions périodiques du temps. Au bout d'une période, les trois corps se retrouvent dans les mêmes conditions initiales relatives, tout le système ayant seulement tourné d'un certain angle. Poincaré est amené en considérant les excentricités et les inclinaisons à distinguer trois sortes de ces solutions. Il considère aussi les solutions asymptotiques se rapprochant indéfiniment des solutions périodiques pour des valeurs infiniment grandes positives ou négatives du temps.

Les études sur les solutions périodiques ont un intérêt théorique très élevé, mais elles ont aussi des applications pratiques considérables. Dès le premier abord on comprend qu'il est infiniment peu probable que, dans un cas pratique quelconque, les conditions initiales du mouvement soient telles qu'elles correspondent à une solution périodique, cependant on peut prendre une de ces solutions comme point de départ d'une série d'approximations successives et étudier ainsi celles qui en diffèrent très peu.

Il est bien connu qu'une très belle application de cette méthode a été faite originairement par M. Hill à la théorie de la lune.

La question de la divergence des séries de la mécanique céleste a une grande importance. C'est une des questions les plus intéressantes qui se sont présentées dans les mathématiques. Peut-on se servir de séries divergentes et peut-on, au moyen de séries de cette nature, parvenir à des approximations dans des problèmes pratiques ? L'exemple de la série de Stirling fait répondre affirmativement. Des séries de la même sorte se présentent en mécanique céleste. Elles peuvent aussi fournir des approximations suffisantes pour les besoins de la pratique.

Voilà ce que Poincaré a remarqué et développé. Le théorème célèbre sur la non-existence d'intégrales uniformes, c'est-à-dire que le problème des trois corps n'a pas d'intégrales uniformes, outre celles déjà connues, est un des résultats les plus frappants de la théorie de Poincaré.

Les invariants intégraux jouent un rôle essentiel dans les recherches dont nous parlons. Ce sont des expressions qu'on calcule par des quadratures appliquées aux variables des équations différentielles. Elles demeurent constantes. Ces invariants se rattachent intimement au problème fondamental de la stabilité.

Mais il serait impossible de présenter toutes ces théories sous une forme condensée et de les exposer d'une manière succincte et serrée. D'autre part de trop grands développements nous mèneraient trop loin.

De même que nous avons fait pour l'analyse et pour la physique mathématique nous allons envisager en mécanique une recherche spéciale de Poincaré qui est capable de nous dévoiler la portée de son génie et sa puissante originalité. Elle se rattache d'un côté à l'hydrodynamique et de l'autre côté aux questions classiques de mécanique céleste, et, comme Sir George Darwin l'a montré, aux théories cosmogoniques les plus intéressantes et les plus modernes.

C'est la question de l'équilibre d'une masse fluide en rotation. Elle s'est présentée comme un des premiers problèmes, dès que la théorie de la gravitation a été fondée. Mac Laurin en a donné une solution par les ellipsoïdes de révolution qui est peut-être le plus beau des résultats acquis à la science par ce grand géomètre. La solution obtenue par Jacobi à l'aide des ellipsoïdes à trois axes inégaux a été un heureux trait de génie de ce mathématicien illustre. Jacobi a été, en effet, le premier à douter de ce qu'on considérait comme évident *a priori*, c'est-à-dire que toute figure d'équilibre d'une masse fluide homogène en rotation est symétrique par rapport à l'axe de rotation.

Mais les solutions de Mac Laurin et Jacobi ne sont que des solutions particulières du problème général. Il y en a une infinité d'autres. Il faut aussi remarquer que ces solutions ne s'obtiennent pas d'une manière directe. On vérifie que, certaines conditions étant données, des ellipsoïdes satisfont aux lois de l'équilibre.

Avant d'arriver aux recherches de Poincaré, il faut rappeler que Thomson et Tait dans leur ouvrage sur la philosophie naturelle avaient reconnu qu'il y a des formes annulaires d'équilibre outre les ellipsoïdes. Ils avaient aussi étudié la stabilité, soit en imposant à la masse fluide certaines conditions, par exemple celle d'être de révolution ou d'être ellipsoïdale, soit en supprimant toute liaison.

L'idée féconde dont Poincaré a fait usage est celle des équilibres de bifurcation. Considérons un système dont l'état dépend d'un certain paramètre. Si l'on a par exemple une masse fluide animée d'un mouvement de rotation, ce paramètre sera la vitesse angulaire de rotation. Supposons que plusieurs états différents d'équilibre du système correspondent à une même valeur du paramètre. Changeons cette valeur. Les configurations ou les figures d'équilibre changent. Il peut arriver qu'en s'approchant d'une certaine limite, deux figures d'équilibre viennent se confondre entre elles. En dépassant la valeur limite, deux cas se présentent. Les figures d'équilibre disparaissent ; c'est ce qu'on exprime en langage algébrique en disant qu'elles deviennent imaginaires. C'est le premier cas. On dit alors que la forme où se sont confondues les deux figures d'équilibre est une forme limite. Mais il peut arriver qu'en dépassant la valeur limite les deux figures distinctes reparaissent. C'est le second cas. Alors la forme où se sont confondues les deux figures d'équilibre s'appelle une forme de bifurcation.

Supposons que l'on puisse représenter chaque figure d'équilibre par un point d'un plan dont les coordonnées sont la valeur du paramètre et une variable qui individualise la figure. En faisant varier le paramètre on aura une courbe. Dans le second cas, cette courbe est formée de deux branches qui se croisent en correspondance de la forme de bifurcation. Or Poincaré a établi un théorème de la plus grande importance en envisageant la stabilité des figures correspondant aux différents points des deux branches. Soit o la valeur du paramètre qui se rapporte au point de croisement. Si pour les valeurs négatives du paramètre il y a stabilité sur la première branche et instabilité sur la seconde, ce sera l'inverse pour les valeurs positives du paramètre, c'est-à-dire qu'il y aura instabilité sur la première branche et stabilité sur l'autre. En d'autres termes, il y a échange des stabilités entre les deux branches au moment où elles se croisent. Cette proposition est celle que Poincaré a appelée le théorème de l'échange des stabilités.

Appliquons maintenant ces résultats à la question de la rotation des masses fluides homogènes. Supposons que les solutions de Mac Laurin et de Jacobi soient connues. L'axe de rotation est toujours le petit axe de l'ellipsoïde, c'est pourquoi si nous considérons ses rapports avec les autres axes, ils sont plus petits que l'unité. Ces rapports sont égaux pour l'ellipsoïde de Mac Laurin et sont différents pour celui de Jacobi. Si nous prenons ces rapports comme coordonnées d'un point du plan, chaque ellipsoïde est individualisé par un point, et leur ensemble par une ligne.

La bissectrice O A des axes sera la ligne représentative des ellipsoïdes de Mac Laurin. A correspondra à une forme sphérique et par suite à une vitesse angulaire nulle. La ligne **BCD** représentera les ellipsoïdes de Jacobi (fig I). Mais

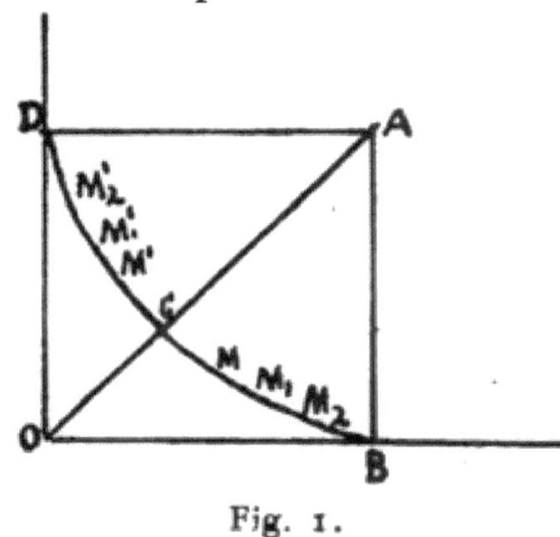

Fig. 1.

ligne d'ellipsoïdes de Jacobi

Poincaré a trouvé des nouvelles figures d'équilibre qu'on obtient en déformant ces ellipsoïdes. On en calcule la forme exacte par les fonctions de Lamé. Les plus simples ont la forme d'une poire. (Voir figure 2.) L'on démontre qu'il existe une infinité d'ellipsoïdes de Mac Laurin correspondant aux points de la droite **CO** tels qu'une figure de Poincaré infiniment voisine soit aussi une figure d'équilibre. De même il existe une infinité de points $M, M_1, M_2, \ldots M', M'_1, M'_2 \ldots$

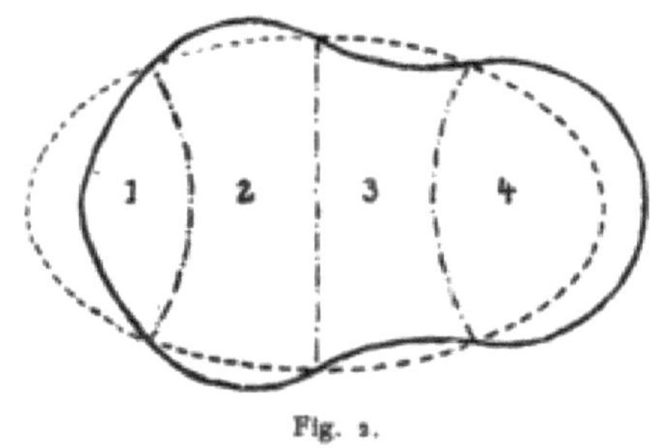

Fig. 2.

figures d'équilibre par les fonctions de Lamé de la courbe tels qu'une figure de Poincaré voisine soit aussi une figure d'équilibre.

Examinons maintenant la stabilité. Les ellipsoïdes de Mac Laurin sont stables dans la partie AC et instables de C en O. Les ellipsoïdes de Jacobi sont stables depuis C jusqu'au premier point M ou M' où l'on rencontre pour la première fois une figure de Poincaré : instables après avoir dépassé les points M et M'.

Cela posé, venons à une application de cette théorie. J'emprunte les mots à Poincaré même.

« Considérons une masse fluide homogène animée originairement d'un mouvement de rotation et se refroidissant lentement. Si le refroidissement est assez lent, le frottement interne détermine la révolution de l'ensemble dans toutes ses parties avec la même vitesse angulaire. Le moment de rotation demeurera d'ailleurs constant.

Au début, la densité étant très faible, la figure de la masse est un ellipsoïde de révolution peu différent d'une sphère. Le refroidissement a d'abord pour effet d'augmenter l'aplatissement de l'ellipsoïde qui restera cependant de révolution. Le point représentatif décrira la portion de droite AC qui correspond aux ellipsoïdes de Mac Laurin, et cela jusqu'en C où les ellipsoïdes de Mac Laurin cessent d'être stables. Le point représentatif ne pouvant pas prendre le chemin CO, prendra alors, par exemple, la direction CM ; l'ellipsoïde deviendra à trois axes inégaux, et cela jusqu'en M où les ellipsoïdes de Jacobi cessent d'être stables. À partir de là, la masse ne peut plus conserver la forme ellipsoïdale puisque celle-ci est devenue instable ; elle prendra alors la seule forme possible, celle de la surface voisine de l'ellipsoïde. Cette surface présente une figure piriforme, offrant comme un étranglement dans la région marquée (fig. 2), tandis que les régions 2 et 4 tendent à se renfler aux dépens des régions 1 et 3, comme si la masse cherchait à se diviser en deux masses inégales.

Il est difficile d'annoncer ce qui arrivera ensuite. On peut penser que la masse ira en se creusant de plus en plus dans la région 3 et finira par se partager en deux corps isolés.

Les résultats que nous venons de présenter sont d'une extrême élégance et d'un grand intérêt. Sir George Darwin a pensé que le processus que nous avons suivi peut avoir joué un rôle dans l'évolution des systèmes célestes, et cette théorie semble se confirmer d'après les formes observées dans beaucoup de nébuleuses. Certains satellites ont pu se former de cette façon aux dépens de leur planète. Cela aurait pu arriver notamment pour le système terre-lune dans lequel les grandeurs des deux masses sont comparables.

Par ces vues grandioses où les théories les plus subtiles et les plus ingénieuses de la mécanique se fondent aux hypothèses les plus hardies de la cosmogonie, nous terminons l'analyse des travaux de Poincaré.

Je n'ai pu donner qu'une idée incomplète de l'œuvre immense qu'il a accomplie, des problèmes qu'il a traités et qu'il faudra approfondir, des domaines qu'il a découverts, où plusieurs générations de mathématiciens auront à travailler.

Ses travaux ne font que pousser à de nouveaux travaux. C'est la destinée des œuvres des grands génies. Ils ont donné la clef pour résoudre des problèmes et ont satisfait la curiosité scientifique en dévoilant des secrets de la nature, mais ils n'ont fait au fond qu'augmenter cette curiosité en ouvrant des horizons nouveaux et en éloignant le but des aspirations scientifiques.

Vito Volterra

II

LE PROBLÈME DES TROIS CORPS

Si on se rappelle[1] à quel point l'œuvre de Poincaré est comme adéquate à toute la science mathématique, pure ou appliquée, que notre époque a produite, et la pénètre dans toutes ses manifestations, on aura compris par avance que la partie en quelque sorte centrale de cette œuvre corresponde au problème qui joue lui-même le rôle principal dans les mathématiques modernes. Ce problème, que les applications au monde physique ont imposé dès la création du calcul infinitésimal, est l'intégration des équations différentielles et aux dérivées partielles.

«… Les efforts des savants ont toujours tendu à résoudre le phénomène complexe donné directement par l'expérience en un nombre très grand de phénomènes élémentaires. »

« Et cela,… d'abord dans le temps. Au lieu d'embrasser dans son ensemble le développement progressif d'un phénomène, on cherche simplement à relier chaque instant à l'instant immédiatement antérieur ; on admet que l'état actuel du monde ne dépend que du passé le plus proche, sans être directement influencé, pour ainsi dire, par le souvenir d'un passé lointain. Grâce à ce postulat, au lieu d'étudier directement toute la succession des phénomènes, on peut se borner à en écrire « l'équation différentielle » ; aux lois de Képler, on substitue celle de Newton[2] ».

Les lois physiques, — ou plutôt les hypothèses physiques — qui servent de point de départ font donc connaître directement le *devenir* d'un phénomène ou, suivant une expression qui a cours en mathématiques, font connaître des propriétés de sa variation instantanée (par exemple, de la vitesse d'un point ou de son accélération). Ceci, autrement dit, donne des relations entre états infiniment voisins de ce phénomène.

Ces relations dont nous essaierons plus loin de donner une idée par quelques exemples simples[3], s'appellent des *équations différentielles*. Il reste à les *intégrer*, c'est-à-dire à déduire de ces relations entre états infiniment voisins, celles qui existent entre deux états quelconques, l'un considéré comme initial, l'autre comme final, du même phénomène. Or, sauf dans des cas tout exceptionnels, ce problème offre de hautes difficultés.

Encore ce que nous venons de dire suppose-t-il que la décomposition en phénomènes élémentaires, dont nous parlions tout à l'heure avec Poincaré, se fasse exclusivement dans le temps.

C'est le cas du mouvement simultané des planètes qui composent le système solaire, lorsque l'on considère chacune d'elles comme réduite à un simple point. Ces différents points, qui sont en nombre fini, sont supposés s'attirer d'après la loi classique de Newton, et ceci donne des relations entre leurs positions et leurs vitesses à un instant déterminé quelconque, d'une part ; de l'autre, la manière dont ces mêmes éléments varient lorsqu'on passe de cet instant à un autre infiniment peu postérieur au premier.

Le système varie bien dans l'espace, mais sa position n'est fonction que d'une variable, le temps.

On arrive encore à traiter d'une manière analogue le cas où on regarderait ces mêmes planètes non plus comme des points, mais comme des corps solides, de manière à tenir compte de leurs mouvements de rotation.

Mais lorsqu'on étudie les mouvements de milieux continus (autres que des solides indéformables), la décomposition en phénomènes élémentaires doit se faire à la fois dans le temps et dans l'espace[4] grâce au fait que chaque molécule est directement influencée par les molécules voisines. Les équations, dites « aux dérivées partielles », auxquelles on est conduit dans ces nouvelles conditions, sont d'un ordre de difficulté encore supérieur aux premières.

Non seulement la Physique, mais la Mécanique céleste elle-même posent des problèmes de cette sorte. Tel est (avec des difficultés toutes spéciales d'ailleurs), celui de la *figure d'équilibre d'une masse fluide en rotation,* sur lequel le lecteur est renseigné par l'étude de M. Volterra. Tel est aussi celui des *marées.*

En ce qui regarde la Physique, il faut, il est vrai, noter que l'évolution produite par les théories moléculaires, — évolution que Poincaré, jusqu'à son dernier jour, sut suivre et diriger comme toutes les autres — tend dans une certaine mesure à modifier ce qui précède.

Tout d'abord, les molécules étant assimilées le plus souvent soit à des points, soit à des solides, soit à des systèmes planétaires, leurs mouvements sont régis, non par des équations aux dérivées partielles, mais par des équations différentielles ordinaires ; il devrait en être ainsi, au moins en théorie, des phénomènes qui résultent de ces mouvements.

Il y a plus : une nouvelle hypothèse paraît s'imposer, celle des « quanta », d'après laquelle, au sein de cette matière discontinue, les actions mutuelles entre molécules ne s'opéreraient elles-mêmes que par degrés discontinus. S'il en était ainsi, les équations différentielles elles-mêmes seraient (toujours en théorie) éliminées à leur tour et remplacées par d'autres qui ne relèveraient plus du calcul infinitésimal, attendu qu'elles se rapporteraient à des variations très petites, mais non pas infiniment petites.

Nous disons : en théorie, car il ne faudrait pas s'imaginer que cette mise hors de cause des équations différentielles et aux dérivées partielles soit définitive, ni surtout que les nouvelles conditions où se place l'hypothèse des quanta aient pour effet de simplifier le problème mathématique. Bien au contraire, étant donné que le nombre des molécules d'un corps, tout en étant fini, est énorme ; que, de même, dans l'hypothèse des quanta, les changements successifs qui interviennent dans l'état d'une molécule quelconque, tout en cessant d'être infiniment petits et infiniment nombreux, restent extrêmement petits et extrêmement nombreux, la meilleure, la seule marche à suivre pour débrouiller l'inextricable complication des équations ainsi écrites consiste à profiter des relations — que Poincaré lui-même eut l'occasion d'éclairer à plusieurs reprises et même dès ses premiers travaux — entre la catégorie générale à laquelle appartiennent ces équations[5] et celles des équations différentielles ou aux dérivées partielles. C'est en définitive, à l'un ou à l'autre de ces deux derniers types que l'on est encore ramené.

Quoi qu'il en soit, nous nous proposons ici de rappeler quelques-uns des plus grands progrès dus à Poincaré dans l'étude des équations différentielles.

Nous ne nous occuperons pas des équations aux dérivées partielles : nous pouvons, en effet, renvoyer le lecteur à l'étude de M. Volterra en ce qui concerne leur intervention en physique mathématique, comme ce qui concerne la figure des planètes (figure des fluides en rotation) ; et quant à la théorie des marées, c'est-à-dire de l'oscillation des mers, les méthodes qu'il lui a appliquées peuvent se comparer — à des distinctions près dans le détail desquelles il nous serait tout à fait impossible d'entrer ici — à celles mêmes qui conviennent aux problèmes de physique vibratoire (vibrations de membranes[6], etc.), avec cette différence qu'il utilisa, dans l'étude du mouvement des mers, non seulement les méthodes qu'il avait découvertes, mais, à partir des travaux de M. Fredholm, celle des équations intégrales, dont il sut mieux que personne utiliser les précieuses ressources.

Nous parlerons donc de la théorie des équations différentielles ordinaires.

Il y eut pour celle-ci, comme pour tout le calcul infinitésimal, un âge d'or : celui où la solution des problèmes que l'on se posait pouvait, à l'aide des moyens que les géomètres possédaient à cette époque, être menée jusqu'au bout, de manière à donner d'un seul coup satisfaction complète à l'esprit.

Rappelons grâce à quelle circonstance cette solution se trouvait avoir toute la simplicité voulue.

Soit un système d'équations différentielles auquel doit satisfaire, par exemple, le mouvement d'un certain système de points. Parmi les conséquences que l'on peut tirer des équations données, certaines peuvent exprimer qu'une ou plusieurs quantités convenablement choisies, fonctions de la position du système, restent forcément constantes pendant tout le cours de son mouvement. On dit que ces quantités sont autant d'*intégrales* des équations différentielles données[Z]

Par exemple, dans le mouvement simultané des planètes du système solaire (pourvu qu'on ne tienne pas compte de l'action des étoiles fixes et autres corps célestes n'appartenant pas à ce système) la vitesse du centre de gravité de l'ensemble des corps qui le composent reste constante en grandeur et en direction.

Comme cette vitesse peut être considérée comme définie par ses composantes suivant trois directions fixes différentes, on a ainsi trois intégrales du système. On peut d'ailleurs aisément en déduire trois autres du même fait, puis en obtenir encore quatre par d'autres considérations.

Lorsque le nombre de ces intégrales est suffisant, elles permettent d'obtenir complètement la solution. Ce fut le cas pour les systèmes différentiels correspondant aux premiers problèmes — particulièrement de mécanique — auxquels on s'adressa.

Mais la liste de ces cas simples fut vite épuisée. En général, le nombre des intégrales connues[8] est insuffisant.

Par exemple dans le cas du système solaire, nous avons dit qu'il était de dix, au lieu que, — même en réduisant le soleil et les planètes et leurs satellites à de simples points — il en faudrait, à deux unités près, six fois autant qu'il y a de corps en présence.

C'est bien ce qui aurait lieu s'il n'y avait que deux corps en tout $(2 \times 6 - 2 = 10)$, par exemple le Soleil et une planète. Aussi ce premier cas est-il, depuis Newton, du domaine des mathématiques élémentaires. Mais dès l'intervention d'un troisième corps, — astronomiquement parlant, dès que, sur une planète, agit, en même temps que le Soleil, la masse « perturbatrice » d'une autre planète. — il en est tout autrement.

Le « problème des trois corps » — et, à plus forte raison, le « problème des n corps » — offrent toutes les difficultés du problème général des équations différentielles.

Ces difficultés résident dans le fond des choses. Les conclusions même obtenues par Poincaré nous expliquent, comme nous aurons l'occasion de le dire plus loin, pourquoi ces problèmes généraux exigent des méthodes non seulement distinctes, mais profondément différentes de celles qui avaient suffi tout d'abord.

Nous sommes loin d'avoir surmonté un tel obstacle. Mais là même où nous y sommes arrivés, ce n'a été, le plus souvent, et ce ne pouvait être qu'en modifiant profondément nos idées sur ce qu'il faut entendre par « solution ».

Celles que nous avons acquises aujourd'hui se résument toutes dans la forte parole que Poincaré prononçait en 1908[9].

« Il n'y a plus des problèmes résolus et d'autres qui ne le sont pas, il y a seulement des problèmes plus ou moins résolus », — c'est-à-dire qu'il y a des solutions donnant lieu à des calculs plus ou moins simples, nous renseignant plus ou moins directement et aussi plus ou moins complètement sur l'objet de notre étude.

On comprend ainsi que, comme Poincaré le rappelle dans la même conférence, Newton ait pu se vanter de savoir intégrer toutes les équations différentielles, tandis que nous en sommes encore aujourd'hui à chercher les moyens de rendre nos connaissances à cet égard un peu moins imparfaites.

Il est clair que, dans ces nouvelles conditions, la question peut être envisagée à des points de vue divers, et les recherches poursuivies dans diverses directions.

Poincaré a suivi toutes les voies indiquées par ses prédécesseurs. — On peut dire qu'il n'en est aucune où il n'ait fait faire un pas important. Mais il en ouvrit aussi d'autres qui se séparent entièrement des premières.

Celles-ci ont, en effet, toutes un même caractère commun.

Comme le chapitre dû à M. Volterra[10] l'a rappelé au lecteur, c'est surtout par l'introduction des variables imaginaires que le problème des équations différentielles — et beaucoup d'autres, d'ailleurs, — ont été attaqués. Ce point de vue, au premier abord artificiel, est en général si fécond, il fait ordinairement jaillir une telle lumière qu'il fut, depuis Cauchy jusqu'en 1881, presque le seul auquel on songea à demander des résultats importants.

Poincaré, lui aussi, comme on a pu le voir dans l'exposé que nous venons de citer, obtint à son tour par cette voie de nouvelles conquêtes, les plus belles qu'on ait pu admirer depuis longtemps puisque, avec les fonctions fuchsiennes, il a pu intégrer une des classes les plus importantes d'équations différentielles, les équations différentielles linéaires à coefficients algébriques, c'est-à-dire l'immense majorité des équations différentielles linéaires auxquelles la pratique peut conduire.

Mais en même temps, il apprit aux géomètres à se placer au point de vue opposé.

Aussi bien et mieux que les plus grands, il mania l'instrument légué par Cauchy, Riemann et Weierstrass. Mais il montra que, tout admirable qu'il soit, cet instrument ne suffit pas à tout et ne s'adapte pas à tous les aspects du problème.

Donc Poincaré, dans quatre mémoires fondamentaux *sur les courbes définies par les équations différentielles*, cesse de considérer indifféremment les solutions réelles ou les solutions imaginaires des équations qu'il traite, et s'attaque exclusivement aux solutions réelles.

Bien entendu, les questions qu'il faut se poser, dans ces nouvelles conditions, ne sont pas les mêmes auxquelles s'appliquait l'ancien point de vue.

Celui-ci était et reste le seul fécond pour l'étude « formelle » des solutions, pour la recherche des catégories de fonctions, si tant est qu'on en puisse trouver, qui peuvent servir à les exprimer exactement. Quand on a en vue cette étude, tout s'éclaire par l'introduction des variables imaginaires, tout n'est qu'obscurité si on les laisse de côté.

Mais dès que (comme il arrive dans le cas général) on cesse d'obtenir, dans cette voie, la solution complète, celle qui dispenserait de toute autre, Poincaré établit une distinction fondamentale. Dans la solution de tout problème mathématique, dès que cette solution n'est pas immédiate, il met en évidence deux grandes étapes, l'une que l'on peut appeler *qualitative*, l'autre *quantitative*.

« Ainsi, par exemple, pour étudier une équation algébrique, dit-il, on commence par rechercher, à l'aide du théorème de Sturm, quel est le nombre de racines réelles : c'est la partie qualitative ; puis on calcule la valeur numérique de ces racines, ce qui constitue l'étude quantitative de l'équation. De même pour étudier une courbe algébrique, on commence par *construire* cette courbe, comme on dit dans les cours de mathématiques spéciales, c'est-à-dire qu'on cherche quelles sont les branches de courbes fermées, les branches infinies, etc. Après cette étude qualitative de la courbe, on peut en déterminer exactement un certain nombre de points. »

« C'est naturellement par la partie qualitative qu'on doit aborder la théorie de toute fonction et c'est pourquoi le problème qui se présente en premier lieu est le suivant : *Construire les courbes définies par des équations différentielles.*»

« Cette étude qualitative, quand elle sera faite complètement, sera de la plus grande utilité pour le calcul numérique de la fonction. »

« … D'ailleurs, cette étude qualitative aura par elle-même un intérêt de premier ordre. Diverses questions fort importantes d'analyse et de mécanique peuvent en effet s'y ramener. Prenons, par exemple, le problème des trois corps : ne peut-on se demander si l'un des corps restera toujours dans une certaine région du ciel, ou bien s'il pourra s'éloigner indéfiniment, si la distance de deux corps augmentera ou diminuera à l'infini, ou bien si elle restera comprise entre certaines limites. »

Ceci n'est autre chose que le célèbre problème de la *Stabilité du système solaire*, c'est-à-dire la question de savoir si, au cours des siècles, les dimensions des orbites planétaires varieront peu ou si, au contraire, ces orbites n'iront pas soit se perdre à l'infini, soit se précipiter sur le soleil.

Il n'en est aucune qui préoccupe davantage la Mécanique céleste, et il faut convenir que l'ignorance où nous sommes encore à cet égard est la meilleure preuve de l'étendue des progrès que cette science a encore pu faire.

Il est vrai que le problème ainsi posé est tout théorique. Comme Poincaré l'a victorieusement démontré[11], si l'on peut pendant un certain temps, réduire, sans trop d'erreur, les planètes et leurs satellites à autant de points mathématiques, l'influence des éléments ainsi négligés (les marées, entre autres, en raison du frottement qu'elles produisent), insignifiante au début, ne peut manquer de devenir prépondérante en fin de compte et de bouleverser totalement les conclusions.

Dans ces conditions, les gens pratiques peuvent être tentés de mépriser ce problème théorique. Il leur est permis, évidemment, de penser qu'il doit, suivant un mot connu, constituer « l'essai, non l'emploi de notre force ». Mais, même à ce titre, il mérite encore de provoquer, — tout en les défiant jusqu'ici — tous les efforts des astronomes. Il doit être considéré comme inséparable de l'objet même de la Mécanique céleste.

Or, ce problème, nous venons de le voir, est essentiellement un problème qualitatif. Son exemple suffit à montrer l'importance de cette catégorie de questions.

Celles-ci ne relèvent plus, en principe, de l'introduction des imaginaires.

Mais une fois entraînée hors de ce terrain si bien exploré par tous les géomètres de la fin du xixe siècle et par Poincaré lui-même, une fois privée du seul auxiliaire dont, pour ainsi dire, on se fût servi depuis plus d'un quart de siècle, auxiliaire dont la puissance s'était à mainte reprise montrée presque miraculeuse, la Science ne se trouvait-elle pas singulièrement désemparée ?

Ce que furent les nouvelles méthodes que Poincaré eut à créer de toutes pièces, nous ne pouvons songer à le faire comprendre ici. Nous pouvons toutefois en indiquer dès maintenant un caractère qui, s'il ne leur est pas entièrement propre, n'avait existé que très exceptionnellement et très fugitivement dans les méthodes antérieures.

Il consiste, étant donné que le problème a plusieurs solutions, — et même une infinité de solutions — à cesser de porter son attention exclusivement sur une seule d'entre elles pour considérer, au contraire, les relations que ces solutions ont les unes avec les autres.

Pour nouvelle qu'elle fût, ou à bien peu près, dans la question qui nous occupe, cette conception était déjà intervenue dans d'autres chapitres des mathématiques.

L'un d'eux est la résolution algébrique des équations, qui parut d'abord consister en la recherche d'une racine déterminée de l'équation proposée. Cette théorie ne passa d'un état en quelque sorte empirique à l'état de perfection logique où l'amenèrent Lagrange, Rufini, Abel, Cauchy, Galois que lorsque l'on se décida, au contraire, à envisager *simultanément* toutes les racines cherchées. C'est en examinant les relations qui existent entre elles que furent conquis les principes modernes par lesquels dans cette question, tout s'éclaire, tout s'explique et se prévoit.

Dans les premières recherches sur les équations différentielles, on avait généralement étudié une à une les intégrales d'une équation différentielle donnée quelconque : en examinant chacune d'elles, on avait fait abstraction de toutes les autres.

Les mémoires *sur les courbes définies par les équations différentielles* vinrent montrer que ce point de vue était insuffisant et que les solutions d'un système d'équations différentielles, comme les racines d'une équation algébrique, devaient, même en vue de l'intelligence de chacune d'elles, être envisagées dans leurs rapports mutuels.

Il n'est pas inutile de remarquer qu'il en est déjà ainsi dans une des théories dont il avait été parlé précédemment, celle de la figure d'équilibre du fluide en rotation. En lisant l'exposé de M. Volterra, on se convaincra que tous les progrès réalisés par Poincaré sur cette question sont dus à ce qu'il n'envisage pas une figure d'équilibre, un ellipsoïde de Maclaurin ou de Jacobi déterminé, en elle-même, mais bien dans ses relations avec les figures d'équilibre voisines. La notion fondamentale d'*équilibre de bifurcation* et toutes celles qui en dérivent ont évidemment cette signification.

Si nous voulons essayer d'entrevoir comment cette idée première fut mise en exécution, il nous faut appuyer une figuration géométrique à notre secours.

Plusieurs exemples permettent de se représenter géométriquement une intégration d'équations différentielles, et il est même commode d'avoir plusieurs de ces représentations à sa disposition.

Tout le monde connaît aujourd'hui le « spectre magnétique » que l'on obtient en plaçant un aimant sous une feuille de papier saupoudré de limaille de fer.

Chaque brin de limaille s'aligne suivant une direction (celle de la force magnétique) parfaitement déterminée par l'endroit où il se trouve et, comme ces brins sont petits, l'ensemble de ceux qui se mettent bout à bout dessine à peu près une ligne courbe, dite *ligne de force* ; il la dessinerait exactement si les brins de limaille étaient infiniment petits.

D'autres lignes de force voisines de la première sont dessinées à côté d'elle, par d'autres brins de limaille. Elles ne la croisent d'ailleurs jamais, ni ne se croisent entre elles, à deux exceptions près : toutes ces lignes convergent, dans un sens, vers le pôle nord, dans l'autre vers le pôle sud de l'aimant.

En langage mathématique, ces lignes de force sont les diverses courbes intégrales d'une même équation différentielle du premier ordre. Les pôles de l'aimant sont des *points singuliers*[12] de cette équation.

On pourrait d'ailleurs se figurer celle-ci sous le point de vue que nous avions adopté tout à l'heure, c'est-à-dire la considérer comme définissant un mouvement. Il suffit d'imaginer un insecte très petit, qui, en tout point où il se trouve, se meut dans la direction de la force magnétique en ce point. Cette direction changeant au fur et à mesure du mouvement, il ne suivrait pas, bien entendu, une ligne droite, mais une courbe qui est la ligne de force.

Un autre exemple suffisamment connu est celui des « lignes de plus grande pente » que l'on peut tracer sur un terrain. La direction d'une telle ligne en un point quelconque est celle suivant laquelle se mettrait à descendre une goutte d'eau abandonnée en ce point. S'il se faisait (grâce à la faiblesse de la pente, au frottement, etc…) que cette goutte d'eau, dans sa descente, n'acquière jamais de vitesse notable, sa trajectoire dessinerait précisément une ligne de pente.

Comme les lignes de force de tout à l'heure, ces lignes de pente ne se croisent pas, du moins en plein parcours. Deux gouttes d'eau cheminant comme il vient d'être indiqué (toujours sans acquérir de vitesses notables) ou bien suivent la même ligne de pente de manière à ce que l'une suive exactement les traces de l'autre, ou bien se meuvent à côté l'une de l'autre sans que leurs routes se rencontrent jamais (du moins au sens exact, mathématique du mot[13]). Elles ne peuvent se retrouver qu'en arrivant à un *fond* (tel que le serait par exemple, le fond d'un lac) où elles s'arrêteraient toutes deux.

Par analogie avec ces fonds, il est des points à partir de chacun desquels divergent une infinité de lignes de pente : ce sont les *sommets* de collines ou de montagnes.

Fonds et sommets sont évidemment ici des points singuliers tout analogues à ceux que représentaient tout à l'heure les pôles d'aimant. Mais ici, une autre espèce de points singuliers peut intervenir : ce sont les *cols*[14]. Par chacun de ceux-ci (s'il en existe) passent *deux* lignes de pente : l'une qui suit successivement les deux vallées qui sépare le col, l'autre qui suit la crête ainsi franchie.

On peut également sur un terrain, ou, ce qui revient au même sur une carte topographique, considérer comme définies par une équation différentielle (mais cette fois par une équation différentielle que l'on sait immédiatement intégrer) les *lignes de niveau* ou sections horizontales de la surface, lignes dont chacune coupe à angle droit la ligne de pente qui passe par un quelconque de ses points. Pour ces lignes de niveau, qui sont des courbes fermées, les sommets ou les fonds sont (suivant la terminologie qu'emploiera Poincaré) des *centres*, c'est-à-dire que les lignes de niveau suffisamment voisines de l'un d'eux l'entoureront, en s'entourant elles-mêmes mutuellement.

Une dernière image de lignes que l'on peut considérer comme satisfaisant à un même système différentiel est fournie par certains cours d'eau, dont la surface, alors même que le mouvement y est parfois assez rapide, paraît immobile, quoique ondulée : cela tient à ce que la place de chaque molécule d'eau qui avance est immédiatement prise par une autre qui suit exactement le même chemin. C'est ce que l'on appelle un mouvement *permanent*. Il est clair que, sur cette surface liquide, les différentes lignes suivies par les gouttes d'eau ont une disposition assez semblable aux précédentes, de sorte que l'on peut encore les considérer comme vérifiant une même équation différentielle du premier ordre. Il n'y a plus, cette fois, de points singuliers jouant le rôle de nos pôles d'aimant, mais il peut se produire dans le liquide un tourbillon, un maëlstrom en miniature, qui jouera le rôle d'un *centre*[15].

D'autre part, le mouvement sera également permanent dans la profondeur même du liquide de sorte qu'on y pourra tracer encore une infinité de lignes dont chacune sert de route commune à une infinité de molécules cheminant les unes derrière les autres tout comme si elles se mouvaient dans un même tube très fin. Ces lignes peuvent encore être traitées comme les précédentes, mais comme elles remplissent un espace au lieu de recouvrir simplement une surface, il faudrait les définir par un système de *deux* équations différentielles du premier ordre, ce qui équivaut à un « système différentiel du second ordre ».

Les équations différentielles de la mécanique céleste, lesquelles sont en bien plus grand nombre, sont elles-mêmes susceptibles d'une représentation géométrique de cette espèce. Mais elle nécessite l'emploi d'espaces à un grand nombre de dimensions.

Poincaré s'attaque d'ailleurs tout d'abord au cas le plus simple par lequel nous avons commencé, celui d'une seule équation. Conformément à ce qui précède, celle-ci peut être considérée comme définissant un système de lignes à tracer sur une surface donnée.

Dans des cas très généraux, on peut admettre que cette surface est une sphère[16].

La propriété qui servira de point de départ sera alors celle sur laquelle nous avons déjà insisté tout à l'heure, savoir :

Deux courbes intégrales différentes ne peuvent se croiser, si ce n'est en un point singulier.

Les positions de ces points singuliers sont d'ailleurs connues à l'avance. Le premier soin de Poincaré fut l'examen de ce qui se passe aux environs de l'un d'entre eux. Il en trouva, conformément à ce que nous avons vu jusqu'ici, plusieurs espèces :

Les *nœuds* : c'est le rôle que jouent les pôles d'aimant dans notre premier exemple, les fonds et les sommets du terrain dans le second ;

Les *cols*, tels que nous les avons vus s'introduire à propos des lignes de pente ;

Les *centres* (exemple : un fond ou un sommet pour les lignes de niveau) ;

Enfin, une dernière catégorie : les *foyers* (voir la note de la page précédente).

En dehors de ces points, on peut utiliser la propriété fondamentale rappelée il y a un instant. Ce point de départ si ténu qu'il soit, donne à lui tout seul la solution du problème difficile qui nous occupe. Il suffit à cet effet, de l'appliquer non seulement à des courbes intégrales complètement différentes, mais à des arcs convenablement choisis d'une même courbe intégrale.

Mais si la méthode employée est, au fond, très simple, les résultats sont tout à fait imprévus et montrent que la solution n'était aucunement préparée par toutes nos connaissances antérieures sur ce sujet.

Les premiers exemples que l'on fut tenté d'invoquer, pour se faire une idée de la forme affectée par les courbes intégrales d'une équation différentielle, étaient évidemment fournis par les équations que l'on sait intégrer.

Or, la discussion de celles-ci conduit à des résultats qui se ressemblent tous, à bien peu de chose près. Pour nombre rentre elles, les choses se passent purement et simplement comme dans les courbes de niveau : toutes les courbes intégrales sont fermées. Tous les autres exemples où les calculs peuvent être menés jusqu'au bout rentrent dans deux ou trois catégories où il semble — si l'on veut me permettre ce langage très fantaisiste — que la nature ait peu varié ses effets.

Elle n'a pas, en réalité, l'imagination aussi pauvre. C'est ce que l'on reconnaît dès l'exemple des lignes de pente. Ici on ne peut déjà plus, en général, obtenir l'intégrale élémentairement ; mais il est évident que les lignes en question partent des sommets et aboutissent aux fonds (exception étant faite, toutefois, pour certaines d'entre elles, dites « lignes de faîte », qui aboutissent à un col).

Seulement, il y a, en général, plusieurs fonds et plusieurs sommets, et c'est l'un ou l'autre des fonds qui sert d'arrivée, suivant celle des courbes intégrales que l'on envisage : le passage des courbes qui aboutissent à un fond déterminé à celles qui aboutissent à un fond voisin se fait par l'intermédiaire d'une ligne de faîte.

Des dispositions de cette espèce sont déjà peu usuelles pour les équations différentielles dont l'intégrale générale a pu être écrite élémentairement.

Mais les résultats obtenus par Poincaré dans le cas général présentent un degré de complication de plus. Il existe alors un certain nombre de courbes intégrales qui sont des courbes fermées (des *cycles*, suivant la terminologie qu'il emploie). Toutes les autres, sauf celles qui aboutissent à des points singuliers[17], s'enroulent autour de certains de ces cycles (dits *cycles limites*) en s'en rapprochant de plus en plus, à la façon du spiral d'une montre. L'enroulement a d'ailleurs lieu autour de l'un ou de l'autre des cycles limites suivant que la courbe intégrale considérée est située dans l'une ou l'autre de certaines régions de la sphère.

Rien de tout cela ne pouvait être prévu à l'aide des exemples traités antérieurement. Non seulement ceux-ci donnaient une idée fausse des choses ; mais, on le remarquera, il était inévitable qu'il en fût ainsi.

Nos résultats sont, en effet, plus encore que tout à l'heure, contradictoires avec l'existence d'une intégrale générale que l'on puisse écrire avec les procédés élémentaires. Ils ne pouvaient, par conséquent, se rencontrer dans les problèmes que l'on avait résolus avant Poincaré. L'opinion s'était faite, jusque-là sur des figures exceptionnelles, dégénérées en quelque sorte, parce que c'étaient les seules que l'on avait su tracer.

Ces résultats, si extraordinaires, demandaient à être complétés par la recherche *effective* des cycles limites lorsque l'équation est donnée. C'est une question d'une extrême difficulté, même si l'on entend se borner à une détermination approximative.

Poincaré triomphe, totalement ou partiellement, suivant les cas, de cette difficulté en introduisant un second principe qui sert de fondement à toutes les autres recherches sur ce sujet.

Géométriquement parlant, il consiste à considérer le sens dans lequel une ligne prise arbitrairement est traversée par la courbe intégrale qui passe en un quelconque de ses points. Ce sens est connu, c'est-à-dire que si, par exemple, la ligne en question est fermée et limite une certaine aire de la sphère, on sait en chaque point si la courbe intégrale trouve cette ligne pour entrer dais l'aire ou pour en sortir. On est ainsi conduit à donner une importance particulière aux lignes « sans contact », le long desquels ce sens ne peut changer.

Nous avons parlé jusqu'ici de figures tracées sur la sphère. Mais, par cela même que toutes nos conclusions sont *qualitatives*, elles ne changeront pas si nous déformons progressivement cette sphère. Allongeons-la, par exemple, de manière à lui donner la forme d'un œuf, voire même celle d'une poire ou boomerang. Si les lignes que nous avons tracées sur elle sont entraînées dans cette déformation, leur disposition générale et, par conséquent, les propriétés qui nous ont servi de point de départ, subsisteront.

Cette théorie est, par excellence, une de celles où l'on peut raisonner juste sur des figures fausses.

Toute équation différentielle du premier ordre rentre-t-elle donc dans la théorie précédente ?

Non, et de l'œuvre de Poincaré se dégage ici un nouvel enseignement essentiel. Comme il le rappelle à une occasion analogue[18], le dicton suivant lequel la géométrie est l'art de bien raisonner sur des figures mal faites, est exact ; mais « encore ces figures, pour ne pas nous tromper, doivent-elles satisfaire à une condition. »

« Les proportions peuvent être grossièrement altérées, mais les positions relatives des diverses parties ne doivent pas être bouleversées ».

Nous pouvons, autrement dit, déformer autant que nous le voulons notre sphère, mais sous la condition de ne produire, au cours de cette déformation, ni déchirure, ni, au contraire, adhérence entre parties primitivement séparées.

Or, on sait depuis longtemps qu'il y a des surfaces que l'on ne saurait obtenir par déformation de la sphère en respectant la condition précédente. Tel est le cas d'un *tore*, c'est-à-dire d'un anneau.

Si notre sphère était en verre et sortait du four, le verrier pourrait l'étirer en un tube fermé aux deux bouts, et même on pourrait concevoir qu'il courbe ce tube de manière à le fermer *presque* sur lui-même. Toutes ces déformations satisferaient à la condition que nous nous sommes imposée. Mais, pour achever de fermer le tube en anneau, il faudrait encore ouvrir les deux bouts et les aboucher l'un avec l'autre. Or, ces deux opérations sont de celles qui nous sont défendues.

L'étude des conditions moyennant lesquelles deux figures peuvent ou ne peuvent pas être ramenées l'une à l'autre par déformations continues, sous les conventions précédentes, s'appelle la Géométrie de situation ou *Analysis situs*.

Sa première intervention dans la science remonte à Riemann, avant lequel l'importance des distinctions telles que celle que nous venons de faire n'avait pas été soupçonnée. Le succès de cette intervention fut éclatant : grâce à elle, et à elle seule, fut véritablement fondée la théorie des fonctions algébriques dont les traits essentiels avaient échappé à Cauchy et à Puiseux.

Si remarquable que fût ce résultat, la portée générale n'en fut pas comprise. Avec Poincaré seulement et à la suite des travaux dont nous parlons en ce moment, il apparut que l'*Analysis situs* doit forcément dominer toute une classe de problèmes mathématiques, et en particulier la théorie des équations différentielles. Nous avons essayé précédemment[19], de faire concevoir les raisons pour lesquelles il en est ainsi ; nous n'y reviendrons pas. Contentons-nous de dire que, sur la disposition des courbes intégrales d'une équation différentielle, l'influence de la forme qu'affecte, au sens de la géométrie de situation, la surface sur laquelle sont tracées ces courbes est capitale et absolue.

Lorsque, après l'étude de la sphère, Poincaré entreprend, au même point de vue, celle du tore, il constate que ce second cas peut offrir une foule de circonstances nouvelles que le premier ne permettait nullement de prévoir. Encore s'en faut-il qu'il arrive toujours à déterminer exactement ce qui se passe.

Les difficultés, elles aussi, sont nouvelles, et telles qu'il est obligé de se poser un grand nombre de questions sans les résoudre.

Ces questions, qui soulèvent des problèmes ardus d'arithmétique, sont, depuis, restées sans réponse.

Le cas de l'équation du premier ordre — sur la sphère ou sur la terre — occupe les trois premiers mémoires *sur les courbes définies par les équations différentielles*. Les systèmes du second ordre, qui font l'objet du quatrième et dernier mémoire de cette série, et sur lesquels les principes précédents nous renseignent encore, mais sans nous faire connaître tout ce que nous avons besoin de savoir, offrent déjà les caractéristiques du cas général : c'est, au fond, l'étude générale des équations de la Dynamique, dont celles de la mécanique céleste sont un cas particulier, qui est ainsi abordée.

Elle se poursuit dans l'ouvrage qui devait pour la première fois consacrer la jeune gloire de son auteur en dehors du public proprement scientifique. C'est avec le Mémoire *sur le problème des trois corps et les équations de la Dynamique* que Poincaré remporta le prix dans le grand concours international ouvert à Stockholm en 1889, entre les mathématiciens du monde entier[20].

Le grand traité intitulé : *Les Méthodes nouvelles de la Mécanique céleste* prolonge à son tour les deux Mémoires précédents ; c'est dans ces trois ouvrages et, aussi, dans une série d'articles insérés au *Bulletin astronomique*, que se développent les idées de Poincaré sur le problème des n corps.

L'œuvre est double : elle a un côté négatif et un côté positif. Poincaré, avant d'édifier, a dû commencer par renverser : tout au moins, il a dû limiter la portée des méthodes employées avant lui.

La première à laquelle on ait songé consiste, nous l'avons vu, à rechercher des intégrales du système.

Nous avons dit plus haut que dix seulement de ces intégrales avaient pu être découvertes. En peut-il exister d'autres exprimables par les moyens classiques de l'Analyse ? Il était vraisemblable que non.

La preuve rigoureuse d'impossibilités de cette nature est une catégorie de questions dont la difficulté a, de tout temps, éveillé l'intérêt des géomètres vraiment supérieurs. On sait que la démonstration de l'incommensurabilité entre le carré et sa diagonale, dans l'antiquité, celles de l'impossibilité de la quadrature du cercle et de la non-résolubilité des équations algébriques au delà du quatrième degré, dans les temps modernes, comptent à juste titre, parmi les plus belles conquêtes des mathématiques.

En ce qui concerne les intégrales des équations de la Mécanique céleste, une démonstration de l'impossibilité en question avait été partiellement fournie par Bruns, mais c'est à Poincaré qu'il fut donné de la compléter et d'établir en toute rigueur l'inexistence, non seulement d'intégrales algébriques, mais, plus généralement, d'intégrales *uniformes* (type le plus général que l'on puisse espérer atteindre avec les procédés usuels du calcul) autres que les intégrales classiques.

Le résultat ainsi obtenu n'intéresse pas moins l'analyste pur que l'astronome. Sa portée n'est pas limitée au système différentiel particulier qui fait l'objet de la Mécanique céleste. La même méthode qui l'a fourni, permet de discuter le nombre des intégrales uniformes des problèmes de la mécanique classique, et, lorsque ce nombre est insuffisant pour l'intégration, de trouver les seuls cas où il puisse s'accroître. Cette méthode est donc nécessairement à la base de toutes les recherches ultérieures sur ces sujets.

Elle ne doit pas moins attirer l'attention par les principes qu'elle fait intervenir. Elle a conduit Poincaré à étudier l'expression de la fonction (fonction perturbatrice), qui donne les seconds membres des équations différentielles, sous un jour nouveau : les propriétés de son développement font apparaître la conclusion demandée.

Mais celle-ci se dégage également sous une autre forme en partant des résultats qualitatifs dont nous parlerons un peu plus loin.

C'est ce dont le lecteur peut, dans une certaine mesure, se rendre compte d'après ce qui a été dit plus haut sur l'équation du premier ordre. À propos du cas le plus simple, celui de la sphère, nous avons vu que, par leur aspect même, les formes des courbes ne sont pas de celles qu'on aurait pu obtenir à l'aide des moyens classiques.

Des faits du même ordre se passent dans le cas général de la Mécanique céleste, dès que le nombre des corps en présence est supérieur à 2.

La recherche des intégrales étant illusoire, pour arriver à un résultat et calculer, à l'aide de la loi de Newton, les éphémérides des mouvements des astres, on a dû dès lors user de moyens de fortune et procéder par retouches, par approximations successives. Ce mode de calcul réussit en pratique ; mais on ne peut l'utiliser qu'à condition de ne pas être trop exigeant : il ne faut lui demander, ni de donner une exactitude indéfinie, ni de conduire à de bons résultats pour une période par trop longue, à plus forte raison de nous renseigner sur la question de *la Stabilité du système solaire*, laquelle fait intervenir l'indéfinie durée des siècles.

On peut dès lors d'autant moins regarder cette solution comme définitive qu' « il ne s'agit pas seulement de calculer les éphémérides, quelques années d'avance, pour les besoins de la navigation ou pour que les astronomes puissent retrouver les petites planètes déjà connues. Le but final de la Mécanique céleste est plus élevé : Il s'agit de résoudre cette importante question : la loi de Newton peut-elle expliquer à elle toute seule tous les phénomènes astronomiques ? Le seul moyen d'y parvenir est de faire des observations aussi précises que possible, de les prolonger pendant de longues années ou même de longs siècles et de les comparer ensuite aux résultats du calcul. Il est donc inutile de demander au calcul plus de précision qu'aux observations, mais on ne doit point non plus lui en demander moins. Aussi l'approximation dont nous pouvons nous contenter aujourd'hui deviendra-t-elle un jour insuffisante[21]. »

Or, dans les méthodes d'approximation classiques, on trouve l'expression approchée du résultat par la somme d'une série de termes ; mais ces termes sont de plusieurs sortes. Les uns sont périodiques : ils retrouvent leur valeur primitive après de simples fluctuations. Mais d'autres peuvent être proportionnels au temps et par conséquent, augmenter indéfiniment avec lui : c'est ce qu'on appelle des termes *séculaires,* sans parler d'autres encore qui participent à la fois de la nature des premiers et de celle des seconds.

Mais ce n'est pas tout : il y a des termes périodiques qui ressemblent beaucoup aux termes séculaires et ne sont pas moins gênants qu'eux : ce sont ceux qui ont une longue période (et dont la présence tient à ce que les temps de révolution de deux astres peuvent toujours être considérés, au moins approximativement, comme commensurables entre eux). En leur qualité de termes périodiques, ils reviennent à leurs valeurs primitives et chacun d'eux, par conséquent, ne peut croître au delà d'un certain maximum. Mais le retour à la valeur primitive peut être très tardif et le maximum très grand. C'est la difficulté classique des « petits diviseurs ».

Poincaré a eu lui-même l'occasion d'exposer (dans l'article cité de l'*Annuaire du Bureau des Longitudes*), les faits concrets qui correspondent à toutes ces circonstances de calculs et nous ne pouvons mieux faire que de lui emprunter cet exposé[22] :

« La remarque essentielle est que certaines causes, qui semblaient d'abord devoir faire varier ces éléments (les éléments qui déterminent les orbites des planètes assez rapidement, ne produisent en réalité que des variations beaucoup plus lentes.

« L'attraction de Jupiter, à distance égale, est mille fois plus petite que celle du Soleil ; la force perturbatrice est donc petite, et cependant, si elle agissait toujours dans le même sens, elle ne tarderait pas à produire des effets très appréciables.

« Il n'en est pas ainsi, et c'est là le point qu'a établi Lagrange. Au bout d'un petit nombre d'années, deux planètes qui agissent l'une sur l'autre ont occupé sur leurs orbites toutes les positions possibles ; dans ces diverses positions, leur action mutuelle était dirigée, tantôt dans un sens, tantôt dans le sens opposé, et cela de telle façon qu'au bout de peu de temps, il y avait compensation presque exacte. Les grands axes des orbites ne sont pas absolument invariables, mais leurs variations se réduisent à des oscillations de faible amplitude de part et d'autre d'une valeur moyenne. »

C'est cette compensation qui est mise en évidence, lorsque le calcul n'introduit que des termes périodiques.

Ce qui fait craindre, au contraire, l'intervention des termes séculaires et aussi celle des petits diviseurs, c'est que, « si les deux moyens mouvements[23] sont commensurables entre eux, au bout d'un certain nombre de révolutions, les deux planètes et le Soleil se retrouveront dans la même situation relative et la force perturbatrice agira dans le même sens qu'au début. La compensation dont j'ai parlé plus haut ne se produit plus alors, et l'on peut craindre que les effets des perturbations ne finissent par s'accumuler et devenir considérables. »

Pour juger de l'importance de tous ces inconvénients, il ne faut pas oublier qu'on est exposé à les rencontrer dans toute la suite du calcul, si loin qu'on le pousse. On ignore, en s'arrêtant à un stade quelconque d'approximation, si l'on a réduit l'erreur au-dessous de la limite voulue, puisqu'on ne sait pas si les approximations suivantes n'introduiront pas des termes susceptibles de devenir très grands. On ignore donc, dans ces conditions, si les approximations « convergent », c'est-à-dire serrent de plus en plus le résultat cherché à mesure qu'on les pousse plus loin ou, au contraire, divergent de manière à ne donner que des résultats sans valeur.

Tout ceci a, bien entendu, sa répercussion sur la question de la stabilité.

Poincaré, dans l'article cité tout à l'heure, rappelle combien de fois cette question a été « résolue », sans, pour cela, jamais cesser en réalité d'appeler de nouvelles recherches. C'est que le problème des n corps est, en vertu des remarques précédentes, un des « moins résolus » qui soient : avec les progrès accomplis dans sa solution évolue, en quelque sorte, la réponse qu'on peut essayer de donner à la question de la stabilité.

En première approximation, Lagrange et Laplace montrèrent qu'il ne s'introduisait pas de termes séculaires, ce qui signifie que la valeur moyenne dont il a été question plus haut n'éprouve que des changements extrêmement « lents, comme si la force qui les produisait était non plus mille fois, mais un million de fois plus petite que l'attraction solaire ».

Plus tard, Poisson étendit un résultat analogue à la seconde approximation. Autrement dit, « il montra que ces changements se réduisaient encore à des oscillations périodiques, autour d'une valeur moyenne qui n'éprouvait que des variations mille fois plus lentes encore ».

Ceci constitue une sorte de présomption en faveur de la stabilité, mais une simple présomption, puisqu'on ignore l'effet des approximations suivantes.

Aussi, au XIXe siècle, des développements en séries de forme nouvelle ont-ils été proposés pour exprimer les éléments des orbites planétaires.

Ils ont pour but de diriger le calcul de manière à ne jamais introduire que des termes périodiques.

La première difficulté de la question (celle qui provient des termes séculaires), est ainsi évitée. Mais la seconde — celle des petits diviseurs — subsiste ; et, par conséquent une question préjudicielle se pose : les séries ainsi obtenues — celles de Lindstedt, par exemple, dont les relations avec les recherches de Poincaré sont, nous allons le voir, particulièrement étroites — convergent-elles ? Faute de quoi, strictement parlant, elles n'ont aucun sens.

Cette question restait douteuse. Jusqu'à Poincaré, on était persuadé que sa solution dans le sens de l'affirmative démontrait la stabilité en question. On était même tenté de présumer celle-ci de par l'existence seule de séries telles que celles de Lindstedt.

En d'autres termes, si, grâce aux « petits diviseurs », les développements en séries, formés pour rendre compte des mouvements des corps célestes sont divergents, on tendait à croire qu'ils pouvaient cependant fournir sur certaines propriétés des solutions — particulièrement sur les propriétés qualitatives — les indications qu'on en déduirait en toute rigueur s'ils étaient convergents.

Ici encore, Poincaré montra qu'il n'en était rien, et que les défectuosités des méthodes précédentes ne sont pas fortuites et tiennent à la nature même des choses. Mais c'est ce que nous ne pouvons préciser, car tout se tient dans cette admirable série de découvertes, sans avoir parlé des résultats positifs.

L'un d'eux, la notion des *invariants intégraux*, vient rendre des services sinon égaux, du moins analogues à ceux qu'auraient pu fournir ces intégrales uniformes à la poursuite desquelles la Mécanique céleste doit renoncer. Comme elles, il fournit des quantités qui restent constantes pendant tout le cours du mouvement, seule propriété qui permette d'établir des relations directes entre des phases éloignées de celui-ci. Seulement, cette fois encore, il s'agit, non d'une courbe intégrale unique, mais de la considération simultanée des différentes courbes intégrales et des relations qu'elles ont entre elles.

C'est ce que nous ferons comprendre à l'aide du dernier exemple invoqué précédemment. Représentons-nous, cette fois, notre système d'équations différentielles comme définissant le mouvement d'une molécule fluide. Au lieu de considérer une seule trajectoire, c'est-à-dire le mouvement d'une molécule unique et déterminée, on considérera toutes les molécules qui, à un instant déterminé t, remplissent un volume déterminé V de l'espace. Si maintenant on envisage les nouvelles positions de ces mêmes molécules à un instant ultérieur T, celles-ci rempliront un nouveau volume, lequel sera visiblement, quel que soit T, équivalent à l'ancien.

Or, les choses se passent exactement de même pour les équations de la Dynamique, à ceci près que V désigne alors un volume tracé dans l'espace à un plus grand nombre de dimensions, pour le problème des n corps.

Ce volume V reste encore constant lorsque le temps varie : c'est, dans la terminologie de Poincaré, un *invariant intégral*.

Ainsi qu'il a été reconnu ensuite, cette belle découverte est déjà ancienne : on doit la faire remonter à Liouville.

Mais lors de sa première apparition, elle était passée inaperçue.

Elle avait même — tant son rôle est essentiel dans la Dynamique générale — été retrouvée une première fois

(1871) par Boltzmann qui ignorait le résultat de Liouville comme Poincaré a ignoré l'un et l'autre ; elle est aujourd'hui à la base de toutes les théories cinétiques[24].

Mais à ce premier invariant intégral, Poincaré en joindra toute une série d'autres dont il indiquera les relavions avec le premier.

Le volume, tel qu'il vient d'être considéré, se présente plutôt comme le dernier terme d'une suite d'expressions possédant toutes la même propriété d'invariance.

L'exposé de M. Volterra aura déjà appris au lecteur l'importance qu'ont prise, avec Poincaré, les *solutions périodiques* des équations de la Dynamique, autrement dit des solutions qui sont figurées géométriquement par des courbes *fermées*.

On peut caractériser le rôle de ces solutions périodiques en disant qu'il est analogue, jusqu'à un certain point, à celui des points singuliers dont nous avons parlé plus haut, mais dans des conditions infiniment plus étendues et plus instructives pour nous.

Nous ne saurions faire comprendre ici toute la puissance de cette analogie. Contentons-nous d'indiquer comment Poincaré la constate dès le dernier *Mémoire sur les courbes définies par les équations différentielles* et, grâce à elle, transporte en second ordre les résultats qu'il avait obtenus dans l'étude du premier.

Soit une solution périodique d'un système du second ordre, c'est-à-dire, géométriquement parlant, une courbe fermée dans l'espace (il s'agit, cette fois, de l'espace ordinaire). En un point P de cette courbe, disposons une très petite cible de centre P que la courbe traverse en la perçant perpendiculairement en ce point. Un mobile qui parcourrait indéfiniment la courbe traverserait un nombre infini de fois la cible, toujours au même point P.

Considérons maintenant une autre solution du même système différentiel, très peu différente de la première. Si les deux solutions sont suffisamment voisines, on aura ainsi une seconde courbe C' qui percera également la cible à un nombre infini ou, en tout cas, très grand de reprises, mais cette fois, en des points, en général, différents les uns des autres.

Il pourra arriver que ces « points d'impact » successifs (puisque c'est ainsi qu'on nomme, en langage technique, les points d'arrivée des projectiles sur une cible) aillent en se rapprochant indéfiniment du centre P, ou, au contraire, qu'ils s'en éloignent progressivement jusqu'à sortir de la cible, ou commencent par se rapprocher du centre pour s'en éloigner avant de l'avoir atteint. Ils pourront même s'en approcher ou s'en éloigner en spirale (c'est-à-dire en tournant en même temps autour de ce point) ; ou enfin, quoique exceptionnellement, en faire le tour sans, finalement, s'en rapprocher ni s'en éloigner.

Si maintenant on joint chacun de ces points au suivant, on obtient une ligne dont la forme rappelle d'une manière frappante et inattendue celles des courbes intégrales d'une équation du premier ordre au voisinage d'un point singulier.

Poincaré met d'ailleurs en évidence la raison de ce parallélisme. Elle doit être cherchée dans l'étroite parenté qui existe entre l'étude des équations différentielles et celles, beaucoup moins avancées, des équations dites « aux différences finies ». Nous avons déjà dit que, à plusieurs reprises, Poincaré éclaira, par le même rapprochement, cette dernière question.

La figure ainsi obtenue suffit à nous faire connaître la disposition des arcs successifs de la seconde courbe intégrale C'. Chacun de ses points nous renseigne sur l'arc qui passe en ce point, car tous ces arcs, de part et d'autre de la cible (au moins tant qu'on n'est pas trop loin de celle-ci) cheminent plus ou moins parallèlement les uns aux autres et à la courbe primitive.

Dans le cas où les « points d'impact » successifs vont en se rapprochant indéfiniment du centre, Poincaré obtient ainsi les solutions *asymptotiques*, dont ce que nous avons dit sur les *cycles limites* dans les équations du premier ordre et du premier degré fait concevoir dans une certaine mesure la disposition et qui sont une importante conquête de la Mécanique analytique. Comme il arrivait au voisinage des cycles limites, les courbes qui représentent ces solutions asymptotiques suivent la courbe fermée qui sert de point de départ, en s'en rapprochant de plus en plus, mais sans jamais la rejoindre exactement.

Bien entendu, il ne faut pas oublier que notre système du second ordre est encore une image simplifiée des équations différentielles du problème des n corps (lesquelles constituent un système d'ordre 6n définissant des courbes dans l'espace à 6n dimensions et non plus dans l'espace ordinaire). Il reste donc à obtenir également les solutions asymptotiques pour les systèmes d'ordre supérieur, et même, dans cette généralisation, des difficultés d'une nature nouvelle apparaissent.

Mais Poincaré avait, dès son premier ouvrage, fourni à l'analyse les moyens qui devaient permettre de surmonter ces difficultés, de sorte qu'il put établir l'existence des solutions asymptotiques dans le cas général.

Ce sont des résultats de cet ordre qui expliquent comment, pour reprendre l'expression même de Poincaré[25], les solutions périodiques se sont montrées « la seule brèche par où nous puissions essayer de pénétrer dans une place jusqu'ici réputée inabordable » : Elles servent, non seulement en elles-mêmes, mais aussi et surtout comme intermédiaires permettant d'arriver aux autres solutions.

Entre autres conséquences, on obtient ainsi les résultats qualitatifs auxquels nous faisions allusion et qui montrent l'impossibilité d'intégrer au sens classique du mot.

L'existence même des solutions asymptotiques est déjà du nombre. Mais plus topique encore est l'exemple des solutions *doublement asymptotiques*, dont la mise en évidence a été l'une des grandes difficultés qu'ait surmontées Poincaré sur ce sujet.

Considérons une solution représentée par une courbe C' asymptotique à la courbe fermée C, et suivons la courbe C', dans le sens inverse de celui que nous avions adopté jusque-là. Nous la verrons commencer par s'écarter de C, puisque tout à l'heure, elle s'en rapprochait constamment. Mais dans certains cas, il se peut qu'après s'en être ainsi éloignée, elle tende à y revenir et à être, — lorsqu'on la suit dans notre nouveau sens, — également asymptotique à la même courbe C.

C'est surtout dans les systèmes différentiels d'ordre supérieur, dont les solutions sont représentées par des courbes tracées dans les espaces à un grand nombre de dimensions, que ces solutions doublement asymptotiques peuvent se présenter.

Poincaré a établi, — par des méthodes très délicates, nous l'avons dit, — qu'elles se rencontrent effectivement pour le cas de la Mécanique céleste et dès le problème des trois corps.

Mais elles s'y montrent avec des caractères très singuliers. Soit une solution périodique C, à laquelle sont doublement asymptotiques les solutions C', C''… Ces solutions représentent des mouvements : le double asymptotisme signifie donc que les courbes C', C''…, étaient, à une époque très reculée dans le passé, très près de C, et que (après s'en être sensiblement écartées), elles se retrouveront également très près de C, dans un avenir très lointain.

Dans le premier cas, elles étaient sur une certaine surface S, passant par C ; dans le second, elles seront sur une seconde surface analogue S'.

Mais l'ordre dans lequel elles se succèdent sur S'pourra être tout différent de celui dans lequel elles se succédaient sur S.

« Ce fait, pour peu qu'on prenne la peine d'y réfléchir, semblera une preuve éclatante de la complexité du problème des trois corps et de l'impossibilité de le résoudre avec les instruments usuels de l'Analyse[26]. »

Étant donnée cette importance des solutions périodiques, on ne s'étonnera pas que Poincaré en ait attribué une très grande à leur obtention.

Non seulement à maint endroit des *Méthodes nouvelles de la Mécanique céleste*, ce problème d'une extrême difficulté, — même lorsqu'on le simplifie en admettant que les conditions où l'on opère sont très voisines de celles dans lesquelles l'intégration est connue — est traité et résolu dans une foule de cas, mais Poincaré le reprend sous une autre forme, dix ans plus tard, dans un mémoire des *Transactions* de la Société mathématique américaine.

C'est à ce même problème enfin, et cette fois, sous sa forme la plus difficile[27], qu'est allée l'une des dernières méditations de sa vie, celle qui a douloureusement ému tous ses admirateurs par le triste pressentiment qui s'y trouve exprimé : je veux parler du Mémoire des *Rendiconti del*

Circolo matematico di Palermo écrit peu de mois avant sa mort.

Par une méthode de forme toute nouvelle, il montre que tout se ramène à un théorème de géométrie relatif aux transformations des figures planes et que, par conséquent, la démonstration de ce théorème équivaudrait à la résolution de la question posée, au moins dans le premier cas que l'on soit conduit à aborder.

Cette démonstration, que Poincaré s'excusait de ne pouvoir fournir, fut donnée, peu de mois après sa mort, par un géomètre américain, M. Birkhoff, de sorte que les résultats qu'il énonçait à titre hypothétique sont définitivement acquis aujourd'hui.

Invariants intégraux, solutions périodiques, solutions asymptotiques, sont les matériaux dont sont tissées *les Méthodes nouvelles de la Mécanique céleste*. Nous ne saurions, sans entrer dans des détails techniques, parler ici des relations établies entre eux dans cet ouvrage ni de l'usage qui en est fait.

Essayons seulement le concevoir comment ces considérations peuvent être appliquées aux questions générales mentionnées plus haut et, en particulier, à la stabilité.

C'est encore en étudiant une courbe intégrale fermée C que, dans le quatrième Mémoire *sur les courbes définies par les équations différentielles*, Poincaré aborde ces questions ; elles interviennent à propos de la dernière des hypothèses que nous envisagions tout à l'heure relativement à la disposition des arcs successifs d'une même courbe intégrale C' voisine de C : à savoir, celle où leurs « points d'impact » se disposent en rond ou en ovale autour du centre, sans tendre, en fin de compte, à s'en rapprocher ou à s'en éloigner.

Dans ce cas, C peut être enfermée dans un tube annulaire de même qu'une circonférence peut être considérée comme située à l'intérieur d'un tore creux tel qu'une infinité de courbes intégrales C'soient entièrement situées sur la surface de ce tube : et cela même est possible d'une infinité de façons, car le tube peut être pris plus ou moins fin, et aussi fin qu'on le veut d'ailleurs.

Une telle disposition peut assurément exister ; mais, dans le cas d'un système différentiel quelconque, il est impossible de la reconnaître par un nombre fini d'opérations. Poincaré montre, en effet, qu'elle exige, pour être réalisée, une infinité de conditions (faute de l'une desquelles, après une circulation autour du centre, les points successifs se placeraient non sur le même ovale que les premiers d'entre eux, mais en dedans ou en dehors de cet ovale), et il est, par conséquent, impossible de s'assurer directement que toutes sont vérifiées.

Par contre, il en est autrement pour les équations de la Dynamique, et cela grâce aux invariants intégraux. Du moment qu'il existe un invariant intégral, point n'est besoin d'un calcul direct pour vérifier les conditions en question : on est, *a priori*, sûr qu'elles sont remplies.

Or, le calcul ainsi dirigé n'est autre que celui par lequel on forme les séries de Lindstedt ; et les conditions dont il s'agit ne sont autres que celles qui, dans cette formation, permettent de faire disparaître les termes séculaires.

C'est, au fond, de l'existence des invariants intégraux que résulte, par conséquent, la possibilité d'écrire ces séries, possibilité qui est d'ailleurs établie en s'affranchissant des hypothèses restrictives de Lindstedt lui-même.

L'existence de nos surfaces tubulaires est-elle donc démontrée ?

Nullement : les calculs précédents ne suffisent pas plus à l'établir que les séries de Lindstedt ne suffisent à décider la question fondamentale de stabilité : pour les unes comme pour les autres, la convergence reste douteuse au premier abord.

Poincaré va constater que les séries de Lindstedt sont divergentes ; mais il y a plus — et cette paradoxale découverte qui a bouleversé les conceptions des astronomes remonte aux premières années de son labeur, — il a montré précédemment que la convergence même de séries de cette nature ne pet mettrait pas, à elle seule, d'affirmer la conclusion demandée.

L'existence des séries en question ne peut pas même être regardée, en l'espèce, comme une présomption ; et la preuve, c'est que, dans les cas directement étudiés par Poincaré, la conclusion dont il s'agit est fausse. Tout en semblant vérifiée pendant tout le cours des approximations, elle tombe en défaut lorsqu'on passe au résultat exact.

Dans le problème particulier dont nous nous occupons en ce moment, non seulement le développement en série ne suffit pas à démontrer l'existence des surfaces tubulaires, mais, sur certains cas de cette nature, Poincaré montre qu'en fait ces surfaces n'existent pas toujours et que plusieurs dispositions très différentes sont possibles.

On voit alors « à quel point les difficultés que l'on rencontre en mécanique céleste, par suite des petits diviseurs et de la quasi-commensurabilité des moyens mouvements, tiennent à la nature même des choses et ne peuvent être tournées. Il est extrêmement probable qu'on les retrouvera, quelle que soit la méthode que l'on emploie ».

Disons tout de suite, d'ailleurs, qu'ici les conclusions de Poincaré ne furent pas purement négatives. S'il constate la divergence des séries en question c'est lui qui a montré pourquoi elles peuvent être néanmoins utiles et dans quelles conditions on pouvait en faire un usage légitime : pourquoi, autrement dit, tout en étant incapables de fournir une approximation indéfinie, même si on les poursuivait indéfiniment, elles permettent néanmoins, les masses perturbatrices étant petites, de pousser cette approximation jusqu'à un certain point, heureusement suffisant en pratique.

Mais en ce qui regarde le problème de la stabilité, il résulte de la discussion précédente, et aussi du *Mémoire sur le problème des trois corps* la question est reprise, sous une autre forme, pour le cas général, que les séries de Lindstedt, comme toutes les méthodes proposées jusque-là dans le même but, sont sans valeur.

Ce sont les invariants intégraux qui ont permis à Poincaré d'élucider, dans des cas relativement étendus, le problème de la *stabilité des trajectoires*, c'est-à-dire celui qui correspond, pour un système dynamique quelconque, le problème analogue à celui de la stabilité du système solaire.

Il constate tout d'abord que la stabilité a un sens différent chez Laplace qui a démontré cette stabilité en première approximation du second ordre.

C'est la stabilité au sens de Poisson (moins précis que celui de Laplace) que, dans une catégorie étendue de mouvements (laquelle toutefois n'embrasse pas notre système solaire), il a pu démontrer d'une manière rigoureuse et non plus approximative.

Par contre, son résultat a une signification toute différente de ceux qui avaient été obtenus antérieurement. Il ne concerne pas toutes les trajectoires sans exception, mais seulement à *des trajectoires exceptionnelles près*.

Les mots « trajectoires exceptionnelles » doivent s'interpréter, ici, à l'aide du Calcul des probabilités : ils veulent dire que, une trajectoire étant prise au hasard, la probabilité pour qu'elle soit une de celles qui mettent en défaut le théorème est *infiniment petite* (et non pas seulement très petite).

Autrement dit, il n'est pas absolument certain qu'une trajectoire arbitraire possède la stabilité à la Poisson, mais il y a infiniment peu de chances qu'il en soit autrement.

Poincaré fut ainsi une première fois amené par la Dynamique à faire intervenir le Calcul des probabilités. Celui-ci devait, par la suite, tenir une place importante dans son œuvre.

C'est le développement des théories moléculaires qui a imprimé au génie de Poincaré cette orientation. En même temps que les théories en question faisaient, comme nous l'avons dit, passer au second plan (du moins pendant une première phase du calcul) les équations aux dérivées partielles, au profit des équations différentielles ordinaires, elles avaient aussi pour effet de baser toutes les déductions sur le Calcul des probabilités.

La substitution des équations différentielles ordinaires aux équations aux dérivées partielles tendait évidemment à rapprocher les méthodes de la Physique mathématique de celles qui viennent de nous occuper, c'est-à-dire de celles de la Mécanique céleste. Grâce aux recherches ci-dessus mentionnées de Poincaré, on voit que l'introduction du Calcul des probabilités se trouvait agir dans le même sens. C'est notons-le, sous la même forme que le Calcul des probabilités intervenait de part et d'autre. Nous avons vu précédemment que le principe fondamental, à savoir l'existence de l'invariant intégral le plus usuel, est commun aux théories moléculaires et à la Dynamique de Poincaré.

Ce rapprochement entre les méthodes, Poincaré le retrouve d'une manière remarquable dans les résultats. Ce n'est pas un des traits les moins curieux du mouvement scientifique au xxe siècle que cette similitude constatée entre l'étude de molécules dont il entre des millions de millions dans un millimètre cube et celle d'astres séparés par des distances que la lumière met des milliers d'années à franchir, celles-là étant considérées pendant quelques milliardièmes de seconde et ceux-ci pendant des millions de siècles. Un astrologue du moyen âge y aurait sans doute vu un bel exemple de l'identité du microcosme et du mégacosme. Nous y voyons simplement un exemple, après beaucoup d'autres, des ressemblances que peuvent offrir les phénomènes les plus éloignés les uns des autres, lorsqu'ils sont régis par les mêmes équations.

Ce sont, tout d'abord, nos connaissances sur le mouvement des planètes qui nous ont aidés à comprendre la vie des molécules.

Mais l'inverse s'est produit lorsque, d'un unique système planétaire tel que le nôtre, on a voulu passer à la foule de ceux qui composent le monde stellaire, même limité à notre voie lactée. C'est Lord Kelvin qui émit pour la première fois une idée de ce genre ; mais c'est Poincaré qui montra tout ce qu'elle est capable de donner. Il suffit de parcourir son _livre sur les Hypothèses Cosmogoniques_ pour voir combien de relations nous commençons à pénétrer, qui nous resteraient encore incompréhensibles, si nous n'avions à notre disposition les études statistiques — c'est l'expression consacrée — entreprise par les physiciens sur le perpétuel et inextricable grouillement des molécules.

Ce livre fut un des derniers de son existence. Il était digne d'en marquer le couronnement. Nul ouvrage ne nécessitait plus et ne met mieux en évidence cette universalité, cette maîtrise simultanée des domaines les plus divers, qui est une des caractéristiques de son génie. Pour éclairer les propriétés des molécules par celles des nébuleuses et inversement, il fallait dominer à la fois les unes et les autres. Il fallait un successeur de Laplace, qui fût en même temps un successeur de ceux qui ont fondé les théories moléculaires, des Clausius et des Boltzmann, pour écrire les _Leçons sur les hypothèses cosmogoniques_.

1. ↑ L'essentiel sur ce point comme beaucoup d'autres, a été dit dans l'exposé de M. Vito Volterra, auquel nous renvoyons à plusieurs reprises.
2. ↑ Henri Poincaré. *Rapport présenté au Congrès international de Physique*, paris, 1900.
3. ↑ Voir plus loin pages 69-74
4. ↑ Ceci signifie qu'on doit considérer le mouvement, non seulement pendant un instant infiniment court, mais dans une partie infiniment petite du volume du corps mobile.
5. ↑ C'est ce que l'on nomme des équations « aux différences finies ».
6. ↑ Voir pages 25 et suiv. du chapitre rédigé par M. Volterra
7. ↑ Il existe une infinité de mouvements qui satisfont aux mêmes équations différentielles (et qui diffèrent par la façon dont les points mobiles sont lancés initialement). On ne donne le nom d'intégrales qu'aux quantités qui, tout en restant constantes au cours de chacun de ces mouvements, varient, en général, lorsque l'on passe de l'un à un autre. C'est ce qui a lieu pour l'exemple cité dans le texte.
8. ↑ Théoriquement parlant, il existe autant d'intégrales distinctes que d'équations à intégrer. Mais leur détermination est aussi difficile que le problème posé lui-même.
9. ↑ Conférence prononcée au Congrès international des Mathématiciens, Rome ; t. I, p. 173 des *Actes du Congrès*.
10. ↑ Voir surtout page 15.
11. ↑ *Annuaire du Bureau des Longitudes*, 1898
12. ↑ On va voir plus loin que cette sorte de points singuliers n'est pas la seule.
13. ↑ En pratique, ces trajectoires deviennent très voisines l'une de l'autre au fond d'une vallée, où elles suivent sensiblement (mais non exactement) une même ligne appelée *thalweg*.

    Inversement, deux lignes de pente peuvent diverger tout en étant presque confondues au début, si, initialement, elles sont voisines de certaines d'entre elles, les *lignes de faite*.

14. ↑ On peut également obtenir des cols dans les spectres magnétiques dont nous avons parlé tout à l'heure : il suffit de recourir aux figures un peu plus compliquées que l'on obtient en faisant agir deux ou plusieurs aimants au lieu d'un seul. Les cols sont les points où les forces magnétiques dues à ces aimants s'équilibrent.

15. ↑ Cette dénomination de « centres » ne conviendrait pas à un maëlstrom par lequel, comme le veut la légende, la surface liquide serait attirée tout en tournant autour de lui. Les molécules liquides décrivent alors, autour de ce point, non plus des sortes de cercles, mais des sortes de spirales qui iraient en se resserrant progressivement ; un tel point devrait, dans la théorie qui nous occupe, être qualifié de *foyer*.

16. ↑ C'est ce qui va de soi en particulier pour le problème des lignes de pente, lequel, si on le considère dans son ensemble, est relatif au globe terrestre.

17. ↑ Dans le cas des lignes de pentes, ces dernières existaient seules. Il en est de même dans le cas, d'ailleurs, tout analogue, du spectre magnétique, de sorte que ces deux exemples étaient, eux aussi, incapables de faire prévoir la solution générale.

18. ↑ Mémoire sur l'*Analysis situs*, journal de l'École Polytechnique, 2e série, 1^{ier} cahier, p. 1.

19. ↑ *Revue du Mois*, 10 juillet 1909, p. 38-60.

20. ↑ Ce concours fut d'ailleurs tout à la gloire de notre pays ; car indépendamment du Mémoire de Poincaré, ce fut celui de M. Paul Appell qui fut distingué.

21. ↑ POINCARÉ. *Revue générale des Sciences, loc. cit., p. 1-2.*

22. ↑ Voir aussi Félix Tisserand et Henri Andoyer, *Leçons de Cosmographie*, Paris.

23. ↑ On appelle ainsi des quantités inversement proportionnelles aux temps de révolution des planètes sur leur orbites respectives.

24. ↑ Le théorème sur la stabilité que l'on déduit, comme nous le verrons plus loin, des invariants intégraux, a été également énoncé et démontré par Josiah Willard Gibbs, mais en 1898 seulement.

25. ↑ POINCARÉ, *Les méthodes nouvelles de la Mécanique céleste*, t. I, p. 82.

26. ↑ POINCARÉ, *Revue générale des Sciences*, t. II, p. 3, 1891.

27. ↑ La simplification dont nous parlions tout à l'heure n'est pas admise.

III

LE PHYSICIEN

L'œuvre de Poincaré m'apparaît comme un chêne puissant que les bras d'un seul homme ne sauraient entourer ; en se tenant les mains, il faut être plusieurs pour en faire le tour et lever haut les yeux pour en voir le sommet. Puisée au plus profond de notre sol par les racines de cette subconscience dont il analysa lui-même si finement la structure, son intelligence souveraine est la sève subtile et forte à la fois qui monte, par des branches dont nul ne pourrait dire quelle est la plus robuste, vers les rameaux entrecroisés où se jouent librement tous les vents de l'esprit.

Doué d'une incroyable activité mentale, Henri Poincaré remplit comme on respire cette fonction de réfléchir pour les autres hommes qu'il assigne au savant. Son irrésistible besoin de comprendre s'étendit à tous les domaines de la pensée précise. Le même souci de généralisation qui domine toute son œuvre de mathématicien et le conduisit à des conceptions si neuves, à des vues d'ensemble si hardies, à la découverte de liaisons imprévues entre des théories si éloignées en apparence, devait l'attirer vers le mouvement qui depuis près de vingt ans renouvelle la Physique, vers la vaste synthèse dans laquelle nous tentons de faire entrer à la fois les faits déjà connus ainsi que tout un monde de phénomènes nouveaux. Il a dominé la physique moderne avec la même aisance que les mathématiques et que l'astronomie.

Sa contribution y est de premier ordre. Non seulement ses travaux d'analyse nous ont apporté des instruments nouveaux pour exprimer en nombres les conséquences lointaines de la théorie et les appliquer comme les fils d'un réseau de plus en plus souple et fin sur une réalité que l'expérience révèle chaque jour plus complexe et plus riche, mais encore lui-même se rapprocha de nous toujours davantage, séduit par la grandeur de l'œuvre et ses difficultés sans cesse renaissantes. Par son enseignement, par les conseils qu'il était toujours prêt à donner et surtout par son œuvre personnelle où il appliqua les ressources illimitées de sa science d'analyste à la solution des plus difficiles problèmes et la merveilleuse clarté de son esprit à la critique des théories les plus complexes, il a exercé une influence constante dont je ne pourrai donner la mesure qu'en retraçant à grands traits l'histoire de nos idées.

I. — L'ANALYSE ET LA MÉCANIQUE.

I. — L'analyse et la mécanique.

La forme sous laquelle s'énoncent, depuis Newton les lois de la Physique et de la Mécanique conduit à exprimer par des équations différentielles le résultat de leur application à tout problème concret. Une intégration poussée jusqu'à donner des nombres s'introduit ainsi entre chaque théorie et sa vérification expérimentale. On n'y parvient le plus souvent qu'au moyen de développements en série qui convergent plus ou moins rapidement et seulement entre certaines valeurs de la variable. Au delà, il faut changer la forme des développements et le choix de la variable.

De même que pour construire une courbe il est nécessaire, avant d'en calculer les points, d'être fixé d'abord sur l'allure générale de ses diverses branches, de savoir si elles sont fermées ou vont à l'infini, de connaître leurs positions relatives et les points singuliers où elles viennent se croiser, de même quand il s'agit d'intégrer, on ne peut être guidé dans le choix des variables et des développements en série que par une étude qualitative préalable des solutions des équations différentielles et de leurs singularités.

Cette voie fut ouverte par Henri Poincaré, au début de sa carrière, de 1880 à 1885, dans une série de quatre mémoires fondamentaux « sur les courbes définies par une équation différentielle ». Il y a là une classification des singularités, non plus d'une courbe unique, mais des familles de courbes, qui témoigne d'une extraordinaire puissance de vision géométrique et de construction abstraite. Lui-même s'en est servi dans ses travaux ultérieurs, en particulier dans ceux qui sont relatifs au problème des trois corps.

Une circonstance récente a montré combien ces résultats pouvaient être précieux pour les physiciens : un des problèmes les plus simples qui se posent dans la théorie d'ionisation des gaz, celui du courant à travers le gaz ionisé contenu entre deux plateaux métalliques parallèles, fait intervenir une équation différentielle obtenue par J.-J. Thomson en combinant les lois fondamentales de l'électrostatique avec les lois de mobilité et de recombinaison des ions. La vérification expérimentale de ces lois exige la traduction de l'équation différentielle en nombres, et cette intégration se trouve être singulièrement difficile même dans le cas le plus simple où l'action ionisante est supposée agir uniformément dans tout le volume du gaz.

L'application à ce cas particulier des méthodes indiquées par Poincaré a permis il y a deux ans à M. Seeliger de trouver les développements en série les plus favorables et de délimiter leurs domaines de validité. De nombreux résultats d'expérience purent ainsi être utilisés, qui seraient restés perdus faute de l'instrument mathématique permettant à la théorie de s'exprimer en nombres.

J'ai donné l'exemple précédent parce que le service rendu y est immédiat et tout près de l'expérience. Au même point de vue, l'importance d'autres résultats mathématiques comme la possibilité d'intégrer toutes les équations différentielles linéaires à coefficients algébriques au moyen de fonctions fuchsiennes est telle que ces fonctions ne peuvent manquer de jouer dans les applications à la physique un rôle au moins égal à celui des fonctions elliptiques ou des fonctions thêta. D'autres découvertes d'Henri Poincaré ont déjà rendu des services précieux dans divers domaines, en particulier celles qu'il a exposées dans son grand mémoire sur les équations de la dynamique et le problème des trois corps, sans compter l'usage qu'il en a fait lui-même en théorie cinétique et sur lequel nous reviendrons plus loin. Elles permettent d'affirmer par exemple que les lignes d'un champ de vecteurs sans divergence ne se ferment qu'exceptionnellement, mais qu'elles repassent, en général, une infinité de fois aussi près qu'on le veut d'un point par lequel elles ont déjà passé, ce qui permet de les considérer comme pratiquement fermées. Elles ont été utilisées encore dans les discussions qu'a soulevées la mécanique statistique pour préciser la signification de certains énoncés comme celui du célèbre théorème H. de Boltzmann, qui tend à établir l'irréversibilité du passage d'un système composé d'un grand nombre de molécules d'une configuration initiale quelconque à la configuration la plus probable. Il a fallu concilier cet énoncé avec l'objection tirée par M. Zermelo du résultat de Poincaré qu'un système dynamique, si complexe soit-il, repasse en général une infinité de fois, au bout de temps suffisamment longs, par une configuration aussi voisine qu'on le veut de son état initial.

Mais la tâche serait trop lourde si je ne me bornais à indiquer rapidement ce que fit Poincaré quand il voulut lui-même s'occuper de physique.

II. — LA PHYSIQUE MATHÉMATIQUE ET L'ENSEIGNEMENT
II. — La physique mathématique et l'enseignement

Par l'utilité pratique autant que par la difficulté des problèmes nouveaux dont elles réclament la solution, la physique et l'astronomie ont toujours été le stimulant le plus efficace pour les recherches mathématiques, et des sources constantes d'inspiration pour les plus grands mathématiciens. Ce fut la raison qui conduisit Henri Poincaré à s'occuper de physique et qui l'entraîna pendant vingt-cinq ans à prendre une part de plus en plus active et bientôt quotidienne aux importants progrès réalisés pendant cette période où l'expérience la plus subtile et la théorie la plus abstraite furent intimement liées. L'enseignement qu'il nous donna pendant treize ans, de 1887 à 1900, dans la chaire de physique mathématique de la Sorbonne lui permit bien vite de dominer toutes les questions, anciennes et nouvelles, et d'apporter aux recherches une contribution de premier ordre.

Il a exposé successivement toutes les parties de notre science dans ces cours, dont la plupart ont été publiés et qui exercèrent immédiatement, en France comme à l'étranger, une influence considérable sur le mouvement des idées et sur l'orientation des recherches expérimentales. Les théories diverses y sont confrontées avec une incomparable maîtrise et exposées souvent, de l'aveu même de leurs auteurs, plus clairement que ceux-ci ne les avaient conçues tout d'abord.

Plus de la moitié de cette œuvre est consacrée à l'optique, à l'électricité et à la théorie électromagnétique de la lumière, à cet ensemble sur lequel a porté depuis Maxwell le plus grand effort des physiciens. J'y reviendrai en étudiant, dans plusieurs des paragraphes qui suivent, le rôle important joué par Henri Poincaré dans le développement de la synthèse électromagnétique.

À la seconde des grandes routes suivies par la Physique moderne, celle des théories moléculaires et cinétiques aboutissant aujourd'hui à l'interprétation du principe de Carnot par la mécanique statistique, se rattachent deux des cours professés par Henri Poincaré, la Thermodynamique et le Calcul des probabilités, calcul dont l'importance est devenue fondamentale pour nous. Son application à la physique soulève des questions extrêmement délicates, non encore complètement résolues et auxquelles se rapportent certains des travaux les plus importants que nous aurons à rappeler.

On sait, d'autre part, que ces deux grandes voies électromagnétique et statistique sont venues, en se rejoignant dans la théorie du rayonnement noir, aboutir à des obstacles insurmontables jusqu'ici. Mis au courant de ces difficultés dans la réunion que nous eûmes à Bruxelles à la fin d'octobre 1911, Poincaré publiait aussitôt après, six mois avant sa mort, le dernier de ses Mémoires de physique mathématique, où il met en évidence avec une merveilleuse netteté le caractère aigu du conflit entre les théories et le fait, essentiel pour la physique à venir et pour les mathématiciens qui voudront l'outiller, que les phénomènes électromagnétiques dont les atomes sont le siège ne peuvent pas être représentés par des équations différentielles. Il marquait ainsi, au moment de mourir lui-même, la fin de cette période de trois siècles pendant laquelle s'est constitué, dans l'espoir qu'il permettrait d'énoncer les lois du monde, l'admirable instrument du calcul infinitésimal. Nous savons aujourd'hui qu'il ne suffira pas à pénétrer le mystère des atomes, des lois élémentaires qui régissent cet univers nouveau dont la conquête sera le grand œuvre prochain. Pourquoi faut-il que nous ayons perdu, juste à ce moment critique, l'esprit le plus puissant sur lequel nous comptions pour nous aider et pour créer de toutes pièces, à mesure des besoins, les leviers nécessaires à soulever un monde ! J'essaierai tout à l'heure de donner rapidement une idée de la situation devant laquelle sa mort nous laisse.

À côté de ces deux questions dominantes, électromagnétisme et thermodynamique, toutes les autres parties de la physique mathématique furent exposées successivement sous une forme toujours nouvelle : capillarité, élasticité, théorie des tourbillons, propagation de la chaleur, théorie du potentiel newtonien. Les résultats nouveaux que chacun de ces enseignements ne pouvait manquer de faire éclore dans un cerveau d'une telle fécondité ont été, soit donnés immédiatement dans le cours lui-même et rédigés en même temps que celui-ci par les élèves qu'il chargeait de ce soin, soit plus souvent, quand leur importance lui semblait assez grande, publiés par lui-même sous forme de Mémoires dont certains figurent parmi les plus importants qu'il ait produits. Dans la première catégorie, je citerai, par exemple, au cours des leçons sur la capillarité, la démonstration d'un fait établi expérimentalement par Plateau : une lame liquide mince en forme de cylindre circulaire droit appuyé sur deux anneaux égaux et parallèles, est stable lorsque la distance des anneaux est inférieure à leur circonférence, instable dans le cas contraire. La démonstration est conduite avec une élégance tout à fait caractéristique de la manière d'Henri Poincaré.

D'importance beaucoup plus générale sont les résultats qu'il a réunis et développés dans une série de notes et de mémoires publiés en 1887 et 1896 sur les équations aux dérivées partielles de la physique mathématique, sur ces problèmes toujours de même forme aux quels aboutissent, dans une surprenante unité, des théories aussi distinctes en apparence que celles de l'électrostatique, du magnétisme et du potentiel newtonien, de la propagation de la chaleur, de l'optique, de l'élasticité, de l'hydrodynamique et de la viscosité. On est toujours ramené à l'intégration d'une même équation aux dérivées partielles du second ordre avec des conditions aux limites qui seules varient suivant les problèmes. On sait, de plus, que la solution des questions ainsi posées par la physique a encore une très grosse importance au point de vue mathématique, comme si ces questions traduisaient l'essentiel d'un mode de raisonnement, d'une forme de pensée qui trouve son expression la plus claire dans le calcul des variations : elles se retrouvent dans la théorie des fonctions analytiques d'une variable imaginaire et « Riemann a pu fonder sur la possibilité du problème de Dirichlet sa magnifique théorie des fonctions abéliennes ».

Tant de généralité méritait l'effort qu'Henri Poincaré fournit en deux étapes ; la première aboutit en 1890 au *Mémoire de l'American Journal of Mathematics* sur « les équations aux dérivées partielles de la physique mathématique » et la seconde en 1896 à celui des *Acta Mathematica* sur « la méthode de Neumann et le problème de Dirichlet ». Il est remarquable que, parti en donnant du problème de Dirichlet la solution si originale connue sous le nom de « méthode du balayage » , Poincaré se trouve à la fin, après avoir résolu avec une rigueur de plus en plus grande des problèmes en apparence différents du premier, ramené à ce point central de toutes les questions soulevées. La méthode du balayage, par laquelle débuta, en 1887 cet ensemble de travaux, est en quelque sorte toute imprégnée de physique et montre bien avec quelle souplesse l'auteur savait tout mettre en œuvre pour en dégager des procédés nouveaux de raisonnement abstrait. Tous les problèmes posés par les diverses théories de physique ou d'analyse pure que j'ai rappelées se ramènent en fin de compte ou sont étroitement liés au problème électrostatique de la distribution d'équilibre sur une surface conductrice fermée isolée dans l'espace, c'est-à-dire de la distribution superficielle qui produit en tout point intérieur un potentiel constant donné.

L'idée fondamentale de la méthode du balayage est très élémentaire ; c'est la même qui se trouve à la base de la méthode des images électriques de Lord Kelvin : on peut, sans changer le potentiel à l'extérieur d'une sphère, remplacer toute charge intérieure par une distribution convenable et très simple d'une charge égale sur la surface de la sphère. On peut ainsi, sans changer le potentiel à l'extérieur, *balayer* les charges intérieures à la sphère pour les amener sur la surface en formant une couche équivalente. Poincaré montre comment cette opération répétée une infinité de fois permet, et cela d'une infinité de manières, d'obtenir des développements convergents pour la densité superficielle d'équilibre électrique en un point d'une surface de forme quelconque sous la seule condition que la sur face possède effectivement deux rayons de courbure au point considéré.

La seule méthode rigoureuse donnée antérieurement à celle-ci pour la solution du problème de Dirichlet, celle de Neumann, conduisait à des développements en série dont on ne pouvait démontrer la convergence que si la surface était convexe : Poincaré devait quelques années plus tard la reprendre et lui donner le même degré de généralité qu'à sa propre méthode.

Un autre mode de démonstration, proposé par Riemann, pour la possibilité du problème de Dirichlet, manquait de rigueur et ne donnait aucun moyen défini pour obtenir la solution, mais présentait cependant un très grand intérêt parce qu'il mettait en évidence une propriété importante de cette solution, et ramenait le problème à une question de calcul des variations. Riemann avait montré que la solution cherchée devait rendre minimum une certaine intégrale mais n'avait pu démontrer de manière rigoureuse l'existence même de la fonction qui correspond à un tel minimum. Cette remarque correspondait à la propriété physique possédée par la distribution d'équilibre électrique de rendre minimum l'énergie présente dans le champ qu'elle produit. Nous sommes physiquement certains qu'un tel champ d'énergie minimum existe, bien que l'analyse de

Riemann ne suffise pas à l'établir avec une entière rigueur mathématique. On sait que cette lacune du raisonnement de Riemann a été comblée par M. Hilbert.

Dans son travail de 1890, Poincaré applique des raisonnements analogues à celui de Riemann aux problèmes que posent la théorie de la chaleur, et celle de l'élasticité. On sait que Fourier avait fondé la méthode géniale par laquelle on obtient la loi du refroidissement d'un corps de forme quelconque pour une distribution initiale quelconque de la température à son intérieur, en décomposant cette distribution initiale en une série de distributions simples dont chacune possède la propriété de rester semblable à elle-même au cours du temps et de tendre vers l'uniformité suivant une fonction exponentielle du temps, de plus en plus rapidement décroissante à mesure qu'on avance dans la série. Une décomposition tout à fait analogue, à la substitution près de fonctions périodiques du temps aux fonctions exponentielles, permet de représenter par une série de vibrations simples de fréquence croissante à mesure qu'on avance dans la série, le mouvement que prend un solide élastique, ou une membrane, initialement écarté de manière quelconque à partir de sa configuration d'équilibre. Chacune des distributions ou des vibrations simples correspondant à un des termes de la série satisfait, dans les deux problèmes, à une même équation aux dérivées partielles voisine de celle de Laplace qu'introduit le problème de Dirichlet. Poincaré montre, comme l'avait fait Riemann pour ce dernier problème, que chaque distribution ou vibration simple satisfait encore à la condition de rendre minimum une certaine intégrale, avec des liaisons déterminées par la connaissance des distributions simples ou des harmoniques antérieures, dans la série, au terme cherché. Il peut déduire de là des limites supérieures pour les coefficients du temps dans les exponentielles successives ou pour les fréquences des vibrations simples consécutives.

Peu satisfait par le défaut de rigueur du raisonnement de Riemann, il cherche, dans un dernier chapitre, à l'atténuer par un « retour à l'hypothèse moléculaire » où, guidé encore une fois par une intuition de physicien, il montre comment les équations aux dérivées partielles résultent du passage à la limite d'un système d'équations différentielles ordinaires relatives aux diverses molécule et dans les quelles sont explicitement mises en évidence les actions mutuelles exercées par ces molécules. Le passage du discontinu au continu, la fusion des particules les unes dans les autres qui s'introduit dans toutes les théories physiques conduisant à des équations aux dérivées partielles, amène ainsi à considérer la résolution de ces équations comme équivalente à celle d'un système d'un nombre infini d'équations différentielles ordinaires, et fait espérer à Henri Poincaré qu'on retrouvera dans cette voie la rigueur cherchée. On voit s'introduire ainsi, la physique servant de guide, la manière de poser sous forme d'équations intégrales tous les problèmes traduits jusque-là par des équations aux dérivées partielles. Le progrès ainsi préparé ne devait pas tarder à prendre une énorme importance.

C'est cependant par une autre voie, ouverte dans sa note de 1894 sur « l'équation des vibrations d'une membrane » que Poincaré parvint à établir avec une entière rigueur l'existence de toutes les vibrations simples dont la superposition permet de représenter le mouvement le plus général de ce corps élastique, complétant de manière définitive et par un procédé nouveau les travaux de M . Schwartz qui avait établi l'existence du son fondamental, du premier terme de la série, et ceux de M. Picard relatifs au second terme.

Puis en 1895 et 1896 apparut à Poincaré l'analogie cachée entre la décomposition qui s'introduit ainsi dans les problèmes de propagation de la chaleur et d'élasticité, et le développement en série par lequel Neumann avait résolu le problème de Dirichlet. La véritable signification de ce développement se trouvait mise en évidence ; elle permettait de supprimer les restrictions introduites dans la démonstration de Neumann et de l'étendre immédiatement au cas où la surface fermée pour laquelle on pose le problème de Dirichlet est soumise seulement à la condition de posséder deux rayons de courbure en chaque point. Encore cette condition n'est-elle probablement pas nécessaire.

L'analogie ainsi établie entre toutes ces questions a préparé la voie pour le développe ment de la solution qu'a donnée Fredholm du problème des équations intégrales.

Sans aucune difficulté, Poincaré montre ensuite comment le procédé qu'il a employé pour étendre la méthode de Neumann permet de former des séries convergentes donnant la déformation d'un solide élastique de forme quelconque sous l'action de forces extérieures également quelconques, c'est-à-dire d'obtenir la solution rigoureuse du problème général de l'élasticité.

Je dois rappeler à ce propos avec quelle insistance Poincaré s'est occupé à diverses reprises dans son enseignement, en particulier à propos des théories de l'optique, de l'établissement des équations fondamentales de l'élasticité, par la voie moléculaire ou par la voie thermodynamique. Il a réussi à élucider complètement beaucoup de questions difficiles comme celle qui concerne le nombre des coefficients indépendants nécessaires pour caractériser les propriétés élastiques d'un solide,dans le cas le plus général.

III. — LA THÉORIE DE MAXWELL ET LE COURANT DE CONVECTION

Henri Poincaré fut le premier qui exposa en France les idées souvent disparates et obscures contenues dans cette Bible de l'électromagnétisme qu'est le grand *Traité de Maxwell*. Dans la préface bien connue qu'il écrivit pour son premier cours de 1888 sur « les théories de Maxwell et la théorie électromagnétique de la lumière », il reconnaît combien un premier contact avec le Traité est déconcertant pour un lecteur français qui aime les exposés logiquement ordonnés et se trouve en présence de plusieurs théories de forme inachevée et d'apparence quelquefois contradictoire, de blocs informes soulevés par un géant pour servir à l'édification du monument dont nous admirons aujourd'hui l'ordonnance. Cherchant à dégager ce qui constitue l'essentiel de la pensée de Maxwell, Poincaré le voit, non dans les tentatives de représentation mécanique des phénomènes électromagnétiques, mais dans la découverte d'un parallélisme entre les équations mécaniques de Lagrange et celles qui expriment les lois des courants induits, à condition de faire correspondre des intensités de courant à des vitesses. De ce parallélisme résulte la possibilité d'une représentation mécanique, mais Poincaré remarque qu'il est illusoire de chercher à la préciser puisque si une est possible, une infinité d'autres sont possibles également. En fait nous savons aujourd'hui qu' aucune n'est possible puisque les véritables équations fondamentales de l'électromagnétisme sont irréductibles à celles de la mécanique comme n'admettant pas le même groupe de transformations qu'elles, comme ne correspondant pas aux mêmes notions fondamentales de l'espace et du temps. L'analogie observée par Maxwell tenait à ce que les lois ordinaires des courants induits dans les circuits fermés ne sont pas générales, mais simplifiées par l'hypothèse que les courants sont quasi stationnaires, que leur champ magnétique est distribué à chaque instant comme si les intensités avaient toujours eu les valeurs qu'elles ont à l'instant actuel. On néglige ainsi les phénomènes du régime variable, la propagation des perturbations avec la vitesse de la lumière, ce par quoi la mécanique ordinaire diffère précisément de l'électromagnétisme.

Là n'était pas la plus grande idée de Maxwell, mais dans l'introduction, assez confuse d'ailleurs et trop surchargée d'images matérielles, de ce qu'il appellera loi du courant de déplacement, de la production d'un champ magnétique, non seulement par les courants ordinaires de conduction, mais encore par la variation dans le temps de l'intensité d'un champ électrique. Les milieux isolants, par variation du champ électrique dont ils sont le siège, peuvent ainsi être traversés par des courants, dits de déplacement, qui ferment les courants de conduction ouverts et permettent d'étendre à ces derniers les lois de l'électromagnétisme établies par Laplace et Ampère pour les courants de conduction fermés. La grande idée de Maxwell est aussi dans l'hypothèse de l'unité du champ électrique, dans l'identification des propriétés du champ électrostatique produit par des charges suivant la loi de Coulomb et du champ électrique induit par variation dans le temps de l'intensité d'un champ magnétique.

Maxwell s'efforça, et de diverses manières inconciliables entre elles, de justifier et de rendre intuitive la loi du courant de déplacement, au moyen d'hypothèses sur la constitution des milieux isolants ou diélectriques et sur la nature de l'électricité. Poincaré fit beaucoup pour dissiper la confusion qui résultait de ces tentatives contradictoires, confusion telle, surtout chez les commentateurs de Maxwell, que le mot d'électricité semblait avoir perdu tout sens précis et désignait tantôt un fluide analogue à celui de Coulomb, tantôt le milieu qui transmet les actions électromagnétiques et que nous appelons éther. Les images, disparates introduites par Maxwell étaient vaines et détournaient inutilement l'attention des idées véritablement géniales que traduisent les équations fameuses auxquelles il aboutit, et dont il sut faire sortir lui-même la théorie électromagnétique de la lumière.

Ces équations où s'exprime l'essentiel de la pensée de Maxwell ne peuvent se justifier que par l'accord avec les faits, et cette concordance fut telle que non seulement elles représentèrent immédiatement les faits déjà connus d'électromagnétisme et d'optique, mais qu'elles conduisirent à la découverte de deux faits nouveaux et imprévus : l'existence du courant de convection établie expérimentalement par Rowland, et celle des ondes électromagnétiques découvertes par Hertz. Des deux côtés Henri Poincaré prit une part active aux discussions nécessaires pour montrer l'accord absolu de la théorie de Maxwell avec l'expérience.

La loi du courant de déplacement a pour conséquence nécessaire celle du courant de convection : un corps électrisé en mouvement doit produire autour de lui un champ magnétique d'intensité proportionnelle à sa charge et à sa vitesse. Rowland avait vérifié cette conséquence en montrant qu'un disque électrisé tournant autour d'un axe perpendiculaire à son plan en son centre crée autour de lui, comme le veut la théorie, le même champ magnétique qu'un courant de conduction transportant à travers chaque section du disque la même quantité d'électricité que le mouvement de rotation. Il s'agissait là, comme devait le remarquer plus tard Poincaré, d'un courant de convection fermé.

La vérification quantitative, très difficile à obtenir en raison de la petitesse des courants réalisables, était restée douteuse dans les expériences de Rowland, plutôt qualitatives, lorsque M. Crémieu les reprit vers 1898. Il obtint tout d'abord un résultat négatif, contraire à celui de Rowland et aux prévisions de la théorie. Une discussion suivit qui devait beaucoup contribuer à éclaircir les idées et à rendre familières aux physiciens les conceptions abstraites qui sont à base du système des équations de Maxwell. Henri Poincaré, qui suivait au jour le jour les expériences de Crémieu et lui fit, en particulier, réaliser de véritables courants de convection ouverts, prit à cette discussion une part prépondérante et, merveilleusement familier avec la théorie, il ne cessa jamais d'en voir avec une entière clarté les conséquences nécessaires. On chercha de diverses manières à concilier avec elle le résultat négatif obtenu par Crémieu ; on invoqua en particulier une compensation due à l'écran conducteur immobile parallèle au disque et portant une charge égale et opposée à celle qui tourne. On pensait que le mouvement du disque pouvait produire, par entraînement de cette charge opposée, un courant de conduction dans l'écran qui compensait l'effet du courant de convection. Alfred Potier, à l'instigation de qui le *Traité de Maxwell* fut traduit en français, penchait vers cette manière de voir et eut à ce sujet avec Poincaré une correspondance qu'a publiée la revue *l'Éclairage électrique*. J'ai admiré, en la relisant récemment, avec quelle sûreté de vision théorique Poincaré maintient inébranlablement qu'aucune compensation de ce genre n'est possible. L'expérience devait peu après lui donner raison lorsque Crémieu et Pender eurent dégagé les causes expérimentales du désaccord et retrouvé, avec plus de précision, les résultats primitifs de Rowland. Cette discussion fut pour Poincaré l'occasion de retourner sous toutes ses faces la question du courant de convection, de confronter les diverses théories électrodynamiques d'Ampère, d'Helmholtz, de Maxwell, de pousser, avec la parfaite clarté qui lui était propre, chacune de ces théories jusqu'à ses conséquences expérimentales les plus lointaines et les plus concrètes, et de traduire le résultat de ces réflexions par une série de projets précis d'expériences cruciales.

C'est là un des caractères les plus remarquables de ce grand esprit : son extraordinaire puissance de construction abstraite est équilibrée par un souci constant de la réalité ; il est réaliste en mathématiques comme il l'est en physique. L'arbre de sa pensée, ramifié à l'infini, est solidement attaché au sol par des racines profondes. Rien ne donne mieux une idée de cette puissante et robuste organisation que la lecture des articles nombreux qu'il a consacrés à la discussion des théories électromagnétiques, depuis celles que je viens de rappeler jusqu'aux plus récentes de Hertz, Larmor et Lorentz. Il atteint sans peine aucune, à travers le réseau complexe et touffu des formules, la signification physique, l'affirmation concrète, l'expérience possible. Comme dans son œuvre de pure mathématique, il voit ici la conséquence lointaine avec une déconcertante rapidité, sans passer, au moins de manière consciente, par les intermédiaires sur lesquels d'autres ont besoin de prendre appui en chemin.

Dans un article d'ensemble de la *Revue générale des Sciences* (1901), il montre que ni la théorie électrodynamique d'Ampère ni celle de Helmholtz ne permettent, dans le cas des courants ouverts, de conserver dans son unité la notion fondamentale de champ magnétique ; cela n'est possible que dans la théorie de Maxwell à laquelle l'expérience donne au jourd'hui entièrement raison.

IV. — LES ONDES HERTZIENNES ET LA LUMIÈRE

Il prit une part non moins importante au grand mouvement qui révolutionna l'optique et aboutit au triomphe de la théorie électromagnétique de la lumière. Sur ce terrain, où les équations de Maxwell devaient trouver leur vérification la plus éclatante, on suivit une double voie. Il fallut montrer tout d'abord que la théorie nouvelle expliquait tous les faits connus de l'optique, mieux et plus simplement que les anciennes théories élastiques dont les plus importantes étaient celles de Fresnel et de Neumann. C'était déjà là une raison très sérieuse pour voir dans les radiations lumineuses un cas particulier des perturbatiohs électromagnétiques dont les équations de Maxwell représentent tous les caractères et en particulier dont elles prévoient la propagation avec une vitesse précisément égale à celle de la lumière.

Puis Hertz parvint, en 1887, au moment même où Poincaré commençait à s'occuper de physique, à produire expérimentalement les perturbations électromagnétiques prévues par Maxwell et à montrer que les ondes nouvelles présentent exactement les mêmes caractères que la lumière, aux différences près qui correspondent à des longueurs d'onde beaucoup plus grandes.

Non seulement Poincaré consacra sept années de ses leçons à l'exposé et à la discussion des diverses théories de l'optique physique sous tous leurs aspects et à l'étude des ondes hertziennes, mais encore il intervint activement pour trancher le débat dans toutes les polémiques de cette période féconde, et toujours avec la même vigueur d'esprit, le même sens profond du lien entre la théorie et les faits.

J'en donnerai seulement quelques exemples. En 1891, les partisans de la théorie de Fresnel crurent en avoir trouvé une confirmation décisive dans le résultat d'une expérience remarquable due à M. Wiener. Reprenant sans le savoir une idée émise en 1867 par un de ses compatriotes, Zenker, de Berlin, le jeune physicien allemand avait réussi à faire interférer, dans l'épaisseur d'une pellicule photographique, deux rayons lumineux perpendiculaires l'un à l'autre et polarisés dans un même plan. On observait des franges, après développement, si ce plan de polarisation coïncidait avec le plan des deux rayons, et rien s'il lui était perpendiculaire.

La théorie de Fresnel, comme celle de Neumann, assimile la lumière à une perturbation transversale se propageant dans un éther doué de propriétés analogues à celles d'un milieu, solide élastique. Pour Fresnel, le déplacement d'un point du milieu est perpendiculaire, pour Neumann il est parallèle au plan de polarisation. Si l'on admet, ce que firent implicitement les partisans de Fresnel, que les actions produites par la lumière sont déterminées par la grandeur ou l'amplitude de ce déplacement périodique, ou ce qui revient au même, par l'énergie cinétique présente dans l'éther, on déduit aisément de l'expérience de Wiener que le déplacement ne peut être, comme le pensait Fresnel, que perpendiculaire au plan de polarisation.

Poincaré mit en évidence l'hypothèse tacite et fit observer que la propagation d'une onde élastique suppose la présence, à côté de l'énergie cinétique, d'une énergie potentielle déterminée, non plus parla vitesse de variation du déplacement dans le temps, mais par sa variation d'un point aux points voisins, par la déformation du milieu qui résulte de cette variation. Or il serait, au point de vue élastique, plus raisonnable d'admettre que les actions chimiques de la lumière sont déterminées par les déformations que son passage produit dans les molécules plutôt que par le mouvement d'ensemble qu'elle leur communique.

Si l'on fait cette hypothèse, l'expérience de Wiener conduit à conclure en faveur de la théorie de Neumann. En l'absence de raison décisive pour admettre l'une ou l'autre hypothèse, l'expérience perd toute signification au point de vue de la théorie élastique. Elle en prend au contraire une très simple et très intéressante dans la théorie électromagnétique en montrant que les actions chimiques produites par la lumière sont déterminées par l'intensité du champ électrique présent dans la perturbation, à l'exclusion du champ magnétique qui l'accompagne. Ce résultat vient à l'appui de la théorie électromagnétique : on connaît en effet le lien intime révélé par l'électrolyse entre les décompositions chimiques et la présence d'un champ électrique alors qu'on n'a jamais observé la moindre influence des champs magnétiques les plus intenses sur les réactions d'ordre électrolytique dont la pellicule photographique est le siège.

Le cours qu'il professa en 1889 sur les expériences toutes récentes de Hertz, fournit d'abord à Poincaré l'occasion de corriger une erreur commise par l'illustre physicien allemand dans le calcul de ses premières mesures. Pour montrer que les perturbations électromagnétiques périodiques émises par un excitateur se propagent avec la vitesse de la lumière, Hertz calculait leur période en fonction de la capacité et de la self-induction de l'excitateur déduites de ses dimensions géométriques et mesurait leur longueur d'onde en observant au moyen d'un résonnateur les ondes stationnaires qu'elles formaient par réflexion sur un miroir métallique. Poincaré montra que la période calculée par Hertz était trop grande dans le rapport de $\sqrt{2}$ à 1 parce qu'il fallait prendre pour capacité, non pas le rayon de chacun des deux sphères dont l'excitateur était formé, mais seulement la moitié de ce rayon. En utilisant cette remarque, Hertz put obtenir entre la théorie et l'expérience un accord bien meilleur qu'il n'avait fait jusque-là.

Ce fut également Poincaré qui donna la véritable interprétation, basée sur le caractère fortement amorti des vibrations émises par l'excitateur hertzien, du phénomène singulier de la résonnance multiple observé par les physiciens genevois Sarasin et de la Rive. Ils avaient constaté, en reprenant l'expérience primitive de Hertz avec des résonnateurs de dimensions variables, que la longueur d'onde observée en avant du miroir variait avec le résonnateur, l'excitateur restant toujours le même. Poincaré montra que l'amortissement de ce dernier lui permettait de mettre en vibration toute une série continue de résonnateurs et que la longueur d'onde mesurée dans chaque cas correspondait à la période propre du résonnateur employé, peu amorti en raison de sa forme fermée, et non à la période calculée pour l'excitateur d'après ses dimensions. Toute difficulté théorique se trouvait ainsi supprimée.

Il fut également le premier à développer la théorie complète du résonnateur hertzien, basée sur les lois de la propagation des perturbations électromagnétiques le long des fils. Cette propagation, qui jouait également le rôle essentiel dans les expériences de Blondlot et de Lecher, est régie par une équation aux dérivées partielles du second ordre, l'équation des télégraphistes, qu'il réussit à intégrer malgré la difficulté provenant de la présence du terme qui traduit l'influence de la résistance électrique du fil. Contrairement à ce qui se passe dans le cas de la propagation libre à travers un milieu isolant tel que le vide où, à distance de la source, la perturbation, quel que soit son type, se propage sans déformation avec une vitesse déterminée égale à celle de la lumière, il montra que, dans le cas où un fil sert de guide, le front d'onde seul s'avance avec la vitesse de la lumière en s'amortissant d'autant plus vite que le fil est plus résistant, et que le reste de l'onde s'étale de plus en plus à l'arrière en constituant un résidu qui seul est sensible dans les communications télégraphiques ordinaires par fil. Il fallait les conditions toutes particulières réalisées dans les expériences de Blondlot, par exemple, pour que le front de l'onde demeurât sensible à l'arrivée et pour qu'on pût mesurer sa vitesse, trouvée effectivement égale à celle de la lumière dans le milieu isolant qui entoure le fil.

On pouvait déduire de cette analyse une théorie suffisamment exacte du résonnateur hertzien constitué par un fil fermé sur lui-même à l'exception d'une petite coupure. Les propriétés de ce système sont tout à fait comparables à celles d'une corde vibrante fixée à ses deux extrémités, et la théorie permet de rendre compte de l'amortissement relativement faible des divers types de vibrations dont il est susceptible, par opposition avec l'amortissement rapide de l'excitateur hertzien constitué comme les antennes employées en télégraphie, sans fil et tous les systèmes destinés à rayonner puissamment, par un circuit ouvert, généralement rectiligne.

Plus encore que dans le cas de la propagation des ondes le long des fils, les difficultés mathématiques sont grandes lorsque la perturbation électromagnétique est guidée par une surface plus ou moins conductrice. Et cependant cette question est fondamentale dans les applications des ondes hertziennes : sa solution permet seule de comprendre comment les ondes utilisées en télégraphie sans fil sont guidées par la surface du sol ou de l'océan, comment elles peuvent contourner le globe terrestre au lieu de se propager en ligne droite comme le fait la lumière avec laquelle elles présentent cependant les plus profondes analogies.

Il y a là un problème de diffraction particulièrement difficile qu'Henri Poincaré était plus que personne qualifié pour aborder. Il avait, dans son enseignement d'optique, ouvrant après Kirchhoff une voie où devait le suivre brillamment M. Sommerfeld, appliqué la puissante méthode analytique des fonctions de variables imaginaires à la solution des problèmes de diffraction tels que les posait l'ancienne optique, c'est-à-dire sans qu'on ait à faire intervenir les propriétés physiques de l'écran diffringent. Puis, à propos des remarquables expériences de M. Gouy sur la diffraction éloignée produite par une lame aiguë d'acier introduite au foyer d'un faisceau lumineux convergent, il avait montré, toujours au moyen du même instrument analytique, la nécessité pour interpréter les faits observés de se placer au point de vue de la théorie électromagnétique et de tenir compte des conditions imposées à la surface de l'écran par les propriétés physiques de celui-ci, sa conductibilité électrique, par exemple.

Il arrivait ainsi à rendre compte, au moins qualitativement, beaucoup mieux que ne pouvaient le faire les théories optiques anciennes, des phénomènes de polarisation observés par M. Gouy sur la lumière diffractée en arrière de son écran.

Ainsi préparé, Poincaré attaqua d'abord, en 1904, le problème fondamental de la télégraphie sans fil, la question de la diffraction des ondes hertziennes autour d'un obstacle sphérique puis le reprit en 1909 en utilisant l'équation de Fredholm. Il réussit à dégager des résultats importants : par exemple à mettre en évidence des phénomènes particuliers de résonance entre la perturbation diffractée et l'obstacle, des renforcements locaux pour certaines périodes particulières.

V. — LA TÉLÉGRAPHIE ET L'ÉLECTRO-TECHNIQUE

On voit par les exemples précédents que le lien étroit existant en électricité entre la théorie et la technique avait conduit Poincaré à se poser des problèmes immédiatement utiles dans les applications, comme celui de la résolution de l'équation des télégraphistes ou celui de la diffraction des ondes hertziennes. Toujours épris de réalité, il alla plus loin encore dans cette voie et fit beaucoup pour éclaircir le langage que parlent les techniciens, pour le rendre plus conforme à la théorie précise. Il est en effet nécessaire pour les besoins de la pratique, économe de temps, de traduire les lois générales sous une forme aussi concrète et rapidement maniable que possible ; malheureusement il est rare qu'on ne trahisse pas ainsi quelque peu la vérité, qu'on n'en masque pas certains aspects. De là des confusions et des difficultés que seuls peuvent résoudre ceux qui aisément s'élèvent au-dessus des habitudes de pensée associées à l'emploi d'un langage de technicien.

Il en est ainsi, par exemple, pour la notion des lignes de force magnétiques, particulièrement commode, et qui facilite l'emploi des lois de l'induction dans les applications courantes. Dans un champ magnétique fixe, la force électromotrice induite dans un conducteur mobile est déterminée par le nombre des lignes de force qu'il coupe en un temps donné. Les difficultés naissent quand le champ magnétique est en même temps variable ou qu'il est produit par un système en mouvement. Doit-on considérer que ce système entraîne avec lui les lignes de force qu'il produit et quel mouvement doit-on attribuer aux lignes de force dans un champ magnétique variable ? Il est bien entendu qu'il s'agit seulement ici de préciser un langage au-dessus et en dehors duquel nos théories actuelles permettent de prévoir dans chaque cas en toute certitude ; mais elles sont de forme trop complexe encore pour qu'un langage simplifié ne soit pas, au moins provisoirement, indispensable à l'ingénieur.

On a longuement discuté, par exemple, la question fameuse de l'induction unipolaire : doit-on admettre qu'un aimant cylindrique droit, tournant autour de son axe, entraîne avec lui dans sa rotation les lignes de force du champ magnétique qu'il produit ou, puisque ce champ reste invariable en tout point par raison de symétrie, ne doit-on pas plutôt en supposer les lignes de force immobiles ?

Poincaré, en même temps qu'il mettait nettement en évidence le rôle des contacts glissants dans les phénomènes d'induction qu'un pareil système peut produire, montra que les deux hypothèses conduisent au même résultat dans le cas des circuits induits fermés, mais que le langage des lignes de force perd toute signification et toute utilité dans le cas des circuits induits ouverts : la question posée n'a plus de sens et il faut remonter à une théorie comme celle de Lorentz pour obtenir des prévisions conformes à la réalité.

L'application des lois de l'induction sous leur forme courante devient particulièrement difficile dans le cas des circuits mobiles avec contacts glissants dans un champ magnétique variable, alternatif par exemple, comme dans la question des moteurs à courant alternatif à collecteur, discutée entre l'inventeur de ces appareils, M. Latour et le célèbre ingénieur Maurice Leblanc. Henri Poincaré trancha la question et donna raison à M. Latour ; son intervention fut certainement décisive dans le succès du jeune ingénieur. En matière d'industrie, il ne suffit pas d'avoir raison, il faut faire entendre cette raison, et la voix de Poincaré était de celles qui arrivent encore à inspirer quelque respect.

Cette discussion fut pour Poincaré l'occasion de développer largement la question posée et d'énoncer plusieurs théorèmes généraux relatifs à l'application des lois de l'induction au cas le plus général des systèmes employés en technique.

Il intervint aussi à propos de la difficile question de la commutation, qui présente un degré de complexité de plus que les précédentes, celui d'une résistance variable en fonction du temps suivant une loi difficile à connaître. Il s'agit des phénomènes qui accompagnent, dans la section d'un induit à collecteur comprise entre deux lames consécutives de celui-ci, le passage de ces deux lames sous le balai, le court-circuit de la section par le balai et la rupture de ce court-circuit. À quelles conditions évitera-t-on, dans la mesure du possible, la production d'étincelles au moment de cette rupture ? La question paraît simple et constitue cependant une des grandes difficultés de l'électrotechnique, à tel point qu'Henri Poincaré fut sollicité et ne dédaigna pas de s'en occuper.

Le même intérêt vivant pour les choses de la pratique lui fit accepter d'enseigner, pendant plusieurs années, à l'École supérieure de télégraphie,

les questions particulièrement difficiles que soulèvent les applications téléphoniques et télégraphiques avec ou sans fil. Nous avons vu qu'il avait abordé ces questions au point de vue le plus élevé ; il sut ici encore établir la liaison entre la théorie et la technique. Pour voir avec quelle habileté il abordait de semblables problèmes, qu'on lise, par exemple, la rédaction de ses leçons sur le système constitué par une ligne et deux appareils téléphoniques qu'elle relie. Il montre comment, en suivant la voie ouverte par Maxwell dans son *Traité*, on peut appliquer les équations de Lagrange à ce système à la fois électrique par les courants qui circulent et mécanique par les plaques vibrantes aux mouvements desquelles ces courants sont liés. Les intensités des courants interviennent comme variables au même titre que les vitesses de déformation des plaques et les théorèmes généraux de la dynamique deviennent applicables au système tout entier.

Il traita aussi avec détail de la propagation des courants le long des lignes et des questions délicates que soulève la télégraphie sans fil au point de vue de l'émission des ondes, de leur propagation et de leur réception par l'appareil détecteur. J'ai déjà eu l'occasion de rappeler, à propos du problème de la propagation, que ces chapitres nouveaux de la technique présentent d'énormes difficultés théoriques et qu'il ne faut rien moins, pour les résoudre, que la puissance d'analyse d'un Poincaré.

VI. — LES RAYONS CATHODIQUES ET LA RADIOACTIVITÉ

En même temps qu'il s'intéressait ainsi aux questions les plus difficiles et les plus spéciales de la technique, Poincaré ne cessait pas de suivre et de provoquer les recherches de physique pure. Il en trouva de nouveau l'occasion dans la découverte des rayons cathodiques et des rayons de

Röntgen : une idée émise par lui fut le point de départ des travaux d'Henri Becquerel et de la découverte des phénomènes de radioactivité, une impulsion qu'il donna conduisit à la création de cette science nouvelle, si vigoureuse qu'elle est en quinze ans devenue tout un monde.

Les travaux de Maxwell et de Hertz avaient révélé les propriétés de l'éther, avaient analysé le phénomène de propagation des ondes électromagnétiques, hertziennes ou lumineuses, à travers ce milieu. Mais la liaison de l'éther avec la matière restait obscure ; que se passe-t-il dans celle-ci au moment de l'émission ou de l'absorption des ondes, en quoi consistent les phénomènes de courant qui leur sont liés, qu'est l'électricité elle-même par rapport à l'éther qui peut agir sur elle et qu'elle peut ébranler ? La première réponse claire de l'expérience à toutes ces questions résulta de la découverte des rayons cathodiques et de l'examen de leurs propriétés. Nous savons aujourd'hui qu'ils représentent de l'électricité négative en mouvement rapide et que celle-ci est constituée par des éléments ou corpuscules tous égaux entre eux et présents dans toute matière. Cette hypothèse, émise par Varley et développée par Crookes, ne triompha qu'après les expériences de Perrin et de J.-J. Thomson. Poincaré prit une part active aux discussions contre les physiciens qui voulaient voir dans ces rayons, au lieu d'émission de corpuscules électrisés, un phénomène de propagation d'ondes comparable à la lumière. M. Jaumann, en particulier, les considérait comme des ondes longitudinales de l'éther dont la lumière et les ondes hertziennes sont les ondes transversales, et croyait avoir expliqué, dans cette hypothèse, la déviation des rayons cathodiques par les aimants, auxquels les rayons lumineux sont complètement insensibles. Poincaré montra qu'en admettant les idées de M. Jaumann, mais en interprétant correctement ses équations, on devrait conclure que les rayons, les trajectoires de l'énergie dans les ondes longitudinales qu'il imaginait, devaient suivre les lignes de force électriques et ne pouvaient par conséquent être déviés par l'aimant de la manière observée pour les rayons cathodiques. Ici encore apparaît la maîtrise de Poincaré à lire les faits dans les équations, à comprendre sans aucune peine le langage qu'elles parlent et avec lequel nul plus que lui ne fut familier. Il n'éprouvait même pas le besoin qu'on employât un système constant et unique de notations : il mettait son plaisir à deviner la signification des symboles. Ce géant jonglait avec nos systèmes de formules dont le poids suffit à écraser tant d'autres esprits, et en raison de cette aisance même, il ne cessait jamais de voir le fond, son attention n'étant pas absorbée par des difficultés de la forme. Pour les physiciens, l'analyse mathématique n'est qu'un instrument, mais dont le maniement est d'ordinaire aussi long et difficile à bien connaître que l'écriture chinoise ; on vieillit souvent avant de la posséder complètement, et on cesse de voir les choses pour avoir trop peiné sur des symboles. Henri Poincaré ne fut jamais embarrassé par les difficultés d'analyse ; il ne les connaissait presque pas plus que ne les connaît la nature elle-même et ne perdait jamais le contact avec celle-ci.

Là est, je crois, le secret du goût qu'il eut pour la physique mathématique, dont la difficulté principale n'existait pas pour lui.

À propos d'une expérience de Birkeland où les rayons cathodiques paraissaient se comporter de façon singulière dans le champ magnétique au voisinage d'un pôle d'électro-aimant, Poincaré sut voir que tout s'interprétait de la manière la plus naturelle au moyen de la loi élémentaire qui donne la force exercée par un champ magnétique sur une particule électrisée en mouvement et que les trajectoires observées étaient, conformément à la théorie, les lignes géodésiques de cônes de révolution ayant leur sommet au pôle.

La découverte des rayons de Röntgen, issus de l'arrêt brusque des rayons cathodiques par un obstacle, surexcita au plus haut degré l'activité des physiciens en raison des caractères nouveaux et mystérieux que présentaient les radiations nouvelles, et provoqua l'éclosion souvent hâtive d'un nombre considérable de travaux, de valeur très inégale. Pendant cette période, la curiosité de Poincaré est plus que toute autre en éveil ; il examine tout ce qui se publie et accompagne de commentaires les notes qui apparaissent chaque semaine dans les Comptes-Rendus de l'Académie ; il donne enfin à la *Revue générale des Sciences* un article d'ensemble qui provoque les recherches d'Henri Becquerel et sa découverte de l'émission spontanée par l'uranium de rayonnements analogues aux rayons de Röntgen.

Le point de vue de cet article est le suivant : les propriétés connues à ce moment des nouveaux rayons, leur extraordinaire pouvoir de pénétration, l'absence de réfraction et de diffraction sensibles, s'accordent pour les faire envisager comme des rayons ultra-violets extrêmes, de longueur d'onde extraordinairement courte. Le fait d'ailleurs que les obstacles tels que le verre, frappés par les rayons cathodiques émettent une phosphorescence visible, jaune verdâtre, en même temps que des rayons de Röntgen, ne conduit-il pas à considérer ceux-ci comme faisant partie de cette même phosphorescence dont ils représenteraient l'extré mité du spectre ? Il est alors naturel de penser que d'autres phosphorescences provoquées par d'autres causes que le choc des rayons cathodiques, pourraient s'accompagner aussi d'une émission de rayons de Röntgen, en contenir aussi dans leur spectre.

On connaissait un grand nombre de corps qui, sous l'action excitatrice de la lumière, émettent une phosphorescence plus ou moins durable. Edmond Becquerel en avait étudié beaucoup et particulièrement les sels d'uranium. Henri Becquerel disposait au Muséum des produits préparés par son père et chercha s'ils émettaient des rayons de Röntgen après avoir été exposés à la lumière, s'ils devenaient capables, par exemple, d'impressionner une plaque photographique à travers un écran de papier noir. Il n'observa pas l'effet attendu, mais remarqua par hasard qu'un cristal d'azotate d'urane, sans avoir subi l'action de la lumière, pouvait agir sur la plaque photographique ou bout d'un temps suffisamment long, et reconnut qu'il émettait, de façon permanente et spontanée, un rayonnement tout à fait comparable à celui qu'avait découvert Röntgen, capable comme lui de rendre conducteurs les gaz qu'il traversait. On sait comment Mme Curie, ayant observé la même propriété sur les sels de thorium et fait l'hypothèse qu'il s'agissait d'une propriété atomique, fut conduite à la découverte de substances inconnues et à la fondation d'une science nouvelle qu'elle appela Radio-activité. Une idée d'Henri Poincaré avait catalysé tout cela.

VII. — La théorie de Lorentz et le principe de relativité

L'étude des rayons cathodiques et celle des gaz rendus conducteurs par les rayons de Röntgen ou de Becquerel mit en évidence la structure granulaire des charges électriques, permit d'atteindre dans le corpuscule cathodique l'élément d'un fluide présent dans toute matière, qui n'était autre qu'un des fluides électriques composé d'éléments individuellement accessibles et mesurables.

Une théorie, développée à cette même époque par Lorentz et Larmor , représentait, au moyen de semblables atomes d'électricité et de leurs mouvements, les mystérieuses propriétés électromagnétiques de la matière, le mécanisme intime du courant électrique et le lien jusque-là inconnu entre la matière et les ondes hertziennes qu'elle émet et absorbe. Ces ondes sont émises par des corpuscules électrisés ou électrons en mouvement, et leur absorption est liée aux mouvements qu'elles transmettent aux électrons présents dans la matière qu'elles rencontrent. L'expérience venait, par une heureuse coïncidence, au moment même où ces théories furent développées, atteindre directement les électrons dont elles affirment l'existence.

Un des premiers triomphes des idées de Lorentz leur fut apporté par la découverte de Zeeman sur la modification des raies spectrales d'émission quand la source est placée dans un champ magnétique puissant. Lorentz n'eut pas de peine à montrer qu'il s'agit, au moins dans le cas le plus simple, d'une action du champ magnétique sur les électrons en mouvement dans la source, suivant la même loi qui régit l'action du champ magnétique sur les rayons cathodiques.

Lorentz avait édifié sa théorie sous l'empire d'une préoccupation constante : celle de représenter les phénomènes électromagnétiques et optiques dans les corps en mouvement, en particulier l'aberration astronomique et l'entraînement partiel des ondes, prévu par Fresnel et observé expérimentalement par Fizeau. Il y parvint, grâce à l'hypothèse qui fait de la matière un système de particules électrisées en mouvement dans un éther immobile.

Hertz, de son côté, en s'interdisant de pénétrer aussi profondément dans le mécanisme, avait essayé au moyen d'hypothèses plus phénoménologiques, de généraliser les équations de Maxwell et de les étendre au cas des corps en mouvement.

Dans ces théories dont le point de départ est constitué par quelques équations et lois fondamentales simples, et dont les conséquences doivent couvrir un domaine immense comprenant tous les phénomènes de l'électromagnétisme et de l'optique, la distance est énorme entre les lois élémentaires et les faits. Les grosses difficultés qui résultent de là devaient tenter Poincaré qui consacra de nombreux travaux à l'exposition, à la discussion, à la comparaison de ces théories et de leurs conséquences. Il n'eut pas de peine à montrer que celle de Hertz est inacceptable puisqu'elle exigerait l'entraînement total des ondes lumineuses parla matière en mouvement, en opposition formelle avec l'expérience de Fizeau. D'autre part, et ce point l'occupa longuement, la théorie de Lorentz est en contradiction avec le principe d'égalité de l'action et de la réaction ou de conservation de la quantité de mouvement. Il crut y voir d'abord une raison de la rejeter, mais ne tarda pas à y apporter lui-même une contribution décisive en montrant que la difficulté disparaît par l'introduction de ce qu'il appela *quantité de mouvement électromagnétique*, notion nouvelle qui facilita singulièrement, provoqua même le développement ultérieur de la dynamique électromagnétique.

Les phénomènes électromagnétiques s'accordent avec le principe de conservation de l'énergie à condition de considérer l'éther comme pouvant être le siège d'une localisation d'énergie sous forme de champs électrique et magnétique. L'énergie que les rayonnements transportent, celle qui nous provient du soleil, se propage dans l'éther sous cette double forme.

Poincaré montra que la théorie de Lorentz peut de même se concilier avec la conservation de la quantité de mouvement à condition d'admettre que l'éther peut encore être le siège d'une localisation de quantité de mouvement exprimable de manière très simple en fonction des champs électrique et magnétique qui le modifient ; en particulier une onde transporte de la quantité de mouvement, de l'impulsion, comme elle transporte de l'énergie. On comprend ainsi de manière immédiate les phénomènes complexes de pression de radiation : recul de la source au moment de l'émission d'une onde dans une direction et impulsion transmise plus tard à l'obstacle qui reçoit cette onde. Il n'y a plus à chaque instant égalité de l'action et de la réaction entre les systèmes matériels, par exemple entre la source et le récepteur de l'onde, parce que la quantité de mouvement portée par la matière seule ne se conserve pas : il faut pour retrouver la conservation tenir compte de celle qui se trouve dans l'éther.

Ce nouveau point de vue, conforme aux idées longuement développées par Poincaré dans son œuvre philosophique sur la signification et le rôle des principes, se montra d'une singulière fécondité puisque, grâce à lui, se développa immédiatement une dynamique nouvelle qui devait bouleverser la notion d'inertie, considérée jusque-là comme fondamentale et simple. J.-J. Thomson avait déjà montré en 1881, comme conséquence de la théorie de

Maxwell et de l'existence du courant de convection qu'elle implique, que la présence d'une charge électrique sur un corps en augmente l'inertie. En effet, le corps mis en mouvement crée autour de lui un champ magnétique à cause de la charge électrique qu'il porte, et on doit lui fournir au départ l'énergie nécessaire à la création de ce champ ; il la restitue au moment de l'arrêt et possède par suite, du fait qu'il est chargé, une capacité supplémentaire d'énergie cinétique, une inertie supplémentaire d'origine électromagnétique.

Les choses en restèrent là jusqu'à ce qu'en 1900, grâce à l'introduction par Poincaré de la notion de quantité de mouvement électromagnétique, Max Abraham pût montrer que cette inertie supplémentaire doit varier avec la vitesse du mobile et croître avec elle jusqu'à devenir infinie lorsque cette vitesse devient égale à celle de la lumière. Il donna la loi précise de cette variation, en même temps qu'il introduisait les notions nouvelles de masse longitudinale et de masse transversale, pour le cas où l'on suppose que le mobile conserve une forme invariable à toutes les vitesses. L'heureux parallélisme qui se poursuivit pendant toute cette période féconde entre le développement de la théorie et les ressources expérimentales nécessaires à sa vérification, fit qu'on trouva précisément pour la première fois dans les rayons β du radium, des particules cathodiques lancées à des vitesses voisines de celle de la lumière et assez grandes par conséquent pour permettre de vérifier si l'inertie de ces particules variait ou non avec la vitesse.

L'expérience donna une loi de variation suffisamment conforme à celle qu'avait prévue Max Abraham pour qu'on pût en conclure que les particules devaient toute leur inertie au fait qu'elles étaient électrisées.

On atteignait ainsi, au moins dans le cas particulier des corpuscules cathodiques, une explication électromagnétique du phénomène d'inertie, on déduisait des équations de Maxwell et des propriétés électromagnétiques de l'éther les équations fondamentales de la dynamique sous une forme plus générale que Newton ne les avait posées à la base de la mécanique rationnelle. Celle-ci ne restait exacte qu'aux faibles vitesses et l'électromagnétisme seul permettait de prévoir comment elle devait être modifiée pour des vitesses voisines de celle de la lumière. C'était le renversement des tentatives anciennes d'explication mécanique de l'électricité et de l'optique ; on expliquait maintenant la mécanique par l'électricité et on la généralisait en l'expliquant. Poincaré, ici encore, avait joué un rôle essentiel.

On ne devait pas s'arrêter là. Des expériences extraordinairement délicates de Michelson et Morley, de Trouton et Noble, de Lord Rayleigh, de Brace avaient montré que, contrairement à ce qu'on prévoyait, il était impossible de manifester aucune influence du changement de vitesse de la Terre au cours des saisons sur les phénomènes électromagnétiques et optiques. Ceux-ci se passaient exactement de la même manière quel que soit le mouvement d'ensemble du système à l'intérieur duquel ils étaient observés.

Lorentz réussit à prouver que sa théorie rendait compte de tous ces résultats négatifs à condition d'admettre tout d'abord qu'un corps mis en mouvement, fût-ce un électron, se contracte dans la direction de sa vitesse d'autant plus que celle-ci est plus grande, en conservant des dimensions invariables dans les directions perpendiculaires. Il en résultait pour la loi de variation de l'inertie des particules cathodiques avec la vitesse une loi différente de celle donnée par Max Abraham qui avait admis l'invariabilité de la forme. La nouvelle loi était d'ailleurs beaucoup plus simple que l'ancienne, et des expériences précises reprises sur les rayons β du radium montrèrent qu'elle représentait aussi beaucoup mieux la variation expérimentale de la masse des particules cathodiques en fonction de leur vitesse.

Lorentz montra aussi que, pour rendre compte du résultat négatif des expériences de Rayleigh et de Brace, il fallait admettre que, non seulement tous les corps se contractent de la même façon à la mise en mouvement, mais encore que toute inertie devait varier avec la vitesse comme celle des particules cathodiques, et que, pour toute espèce de mobile, électrisé ou non, les lois de la mécanique rationnelle ne représentaient plus qu'une première approximation.

Au cours de nos conversations, pendant la semaine qu'il me donna la joie de passer seul avec lui en 1904, dans les vastes plaines de l'Amérique du Nord, au retour du Congrès de Saint-Louis, j'eus l'occasion de voir avec quel intérêt passionné Henri Poincaré suivait toutes les phases de la révolution qui s'accomplissait ainsi dans nos conceptions les plus fondamentales. Il voyait avec un peu d'inquiétude ébranler, grâce aux instruments forgés par lui-même, le vieil édifice de la dynamique newtonienne qu'il avait récemment encore couronné par ses admirables travaux sur le problème des trois corps et la forme d'équilibre des corps célestes. Mais si son enthousiasme était plus réfléchi que le mien, Poincaré était, comme nous tous, dominé par la fièvre d'entrer dans un monde entièrement nouveau.

Peu de temps après notre retour, il contribuait à rendre moins singulières les conséquences auxquelles aboutissait Lorentz, et montrait que la contraction de l'électron en mouvement est précisément celle qu'exige son équilibre si on suppose que la charge superficielle qu'il porte, et dont les éléments tendent à se disperser par répulsion mutuelle, est maintenue par une pression uniforme et constante de l'éther, la pression de Poincaré. Au repos, par raison de symétrie, la figure d'équilibre est sphérique ; en mouvement, les actions électrodynamiques entre les différents éléments de la charge sont modifiées ; l'équilibre entre elles et la pression constante extérieure exige que l'électron se contracte précisément de la manière indiquée par Lorentz.

L'illustre physicien hollandais avait rendu compte du résultat négatif des expériences tentées pour mettre en évidence le mouvement d'ensemble de la Terre, en montrant que les équations fondamentales de sa théorie reprennent la même forme pour divers systèmes en mouvement uniforme les uns par rapport aux autres, à condition qu'il existe des relations convenables entre les mesures d'une même grandeur effectuées par des observateurs liés à ces divers systèmes. Autrement dit, il avait montré que le système des équations fondamentales admet un groupe particulier de transformations qui en conserve la forme quand on passe d'un système de référence à un autre, c'est-à-dire que les diverses grandeurs mesurées sur un même système ont entre elles des relations indépendantes du mouvement d'en semble de ce système. D'où l'impossibilité de mettre en évidence ce mouvement d'ensemble.

Il résulte de la structure de ce groupe que, non seulement les mesures d'une même longueur faites par deux observateurs en mouvement l'un par rapport à l'autre diffèrent l'une de l'autre comme l'indique la loi de contraction de Lorentz, mais encore les mesures d'un même intervalle de temps faites par ces mêmes observateurs au moyen de procédés électromagnétiques ou optiques présentent entre elles des différences régies par une loi de même forme.

Lorentz n'était pas allé jusqu'au bout de ces conséquences et avait conservé la notion d'un temps absolu en introduisant l'hypothèse implicite qu'un procédé non électromagnétique permettrait une mesure du temps indépendante du système de référence, admettant par là même implicitement que la comparaison, sur un même système, entre ce procédé hypothétique et ceux qui sont basés sur les phénomènes électromagnétiques permettrait de mettre en évidence le mouvement d'ensemble du système, de différencier des systèmes en mouvement uniforme les uns par rapport aux autres. Il résultait encore de cette conservation du temps absolu que les transformations du groupe ne se présentaient pas sous une forme entièrement symétrique.

M. Einstein rendit les choses plus claires et mit en évidence l'opposition entre les notions nouvelles de l'espace et du temps et celles qui correspondent au groupe tout différent dont les transformations conservent les équations de la mécanique rationnelle, en affirmant la généralité du principe de relativité, en admet tant que par aucun procédé expérimental on ne pourrait mettre en évidence le mouvement de translation d'ensemble d'un système par des observations et des mesures faites à son intérieur. Il réussit à donner sa forme définitive au groupe de Lorentz, à indiquer les relations qui existent entre les mesures d'une même grandeur de nature quelconque faites à la fois sur deux systèmes en mouvement relatif.

Henri Poincaré arrivait en même temps aux mêmes équations en suivant une voie différente, son attention ayant été attirée surtout par la forme imparfaite sous laquelle se présentaient les formules de transformation telles que les avait données Lorentz. Familier avec la théorie des groupes, il se préoccupa en même temps de trouver les invariants de la transformation, les éléments qu'elle laisse inaltérés et grâce auxquels il est possible d'énoncer toutes les lois de la physique sous une forme indépendante du système de référence ; il chercha la forme que ces lois doivent avoir pour satisfaire au principe de relativité.

Il trouva un premier invariant dans l'intégrale d'action hamiltonienne, mise sous la forme qui permet de résumer dans un principe de moindre action plus général que celui de la mécanique ordinaire, l'ensemble des lois de l'électromagnétisme et de la dynamique nouvelle. Ce caractère d'invariance augmentait encore l'importance du principe ; la pression en général, et la pression de Poincaré en par ticulier, fournissait un second exemple d'élément invariant.

La loi de gravitation, sous sa forme habituelle, ne possède pas la propriété de conserver cette forme quand on passe des mesures faites sur un système de référence aux mesures faites sur un autre système en mouvement uniforme par rapport au premier. Poincaré cherche comment il convient de la modifier pour la rendre conforme au principe de relativité, pour réussir à l'exprimer en fonction d'éléments invariants. Il trouve plusieurs solutions possibles qui présentent toutes ce caractère commun que la gravitation se propage avec la vitesse de la lumière, du corps attirant au corps attiré, et que la loi nouvelle permet de représenter les mouvements des astres mieux encore que la loi ordinaire puisqu'elle atténue les divergences existant encore entre celle-ci et les faits, dans le mouvement du périhélie de Mercure, par exemple.

VIII. — LA THERMODYNAMIQUE ET LA MÉCANIQUE STATISTIQUE.

Attiré comme il l'était par la joie de faire la lumière dans les questions les plus difficiles et les plus obscures, Poincaré ne pouvait manquer de s'intéresser aux efforts tentés pour pénétrer la signification profonde des principes de la thermodynamique et particulièrement du principe de Carnot.

Dès la seconde année de son enseignement de physique mathématique, il consacra un semestre à l'étude de ces principes et de leurs conséquences. Dans la préface qu'il écrivit pour le volume où ce cours fut publié, il fait une critique du principe d'équivalence, qui atteint plutôt la forme que le fond, qui met en évidence le défaut de précision des énoncés ordinaires sans mettre en doute la validité du principe. Il est possible, ainsi que l'a montré en particulier M. Perrin, de trouver une expression générale et concrète sur laquelle ne portent pas des objections de ce genre. La discussion du principe de Carnot a beaucoup plus d'importance et de profondeur. On était alors en pleine période énergétique, et, sauf quelques rares exceptions, nul ne songeait à mettre en doute la validité absolue de ce principe. On le considérait comme une loi naturelle fondamentale et on se préoccupait beaucoup plus d'en déduire les conséquences, singulièrement riches d'ailleurs, que de le concilier avec les autres parties de la science, avec la dynamique et les théories moléculaires, par exemple.

L'opinion générale considérait ces dernières théories comme trop fantaisistes et trop hypothétiques pour qu'on pût songer à fonder sur elles une démonstration d'un principe déduit directement de l'expérience et en si parfait accord avec elle. Le succès de la démonstration eût semblé tout au plus apporter un argument en faveur des hypothèses faites, et toute contradiction entre elles et le principe, fût-ce dans un domaine inaccessible à l'expérience, eût entraîné leur condamnation. Aussi bien étaient-elles excommuniées déjà au nom des saines doctrines philosophiques. Nous sommes aujourd'hui bien loin de ce point de vue puisque l'expérience elle-même est venue limiter la validité du principe de Carnot et en même temps élever les hypothèses moléculaires au rang de véritables principes.

Il avait été fait cependant, à cette époque, une remarquable tentative par Helmholtz pour fonder une démonstration du principe de Carnot, non directement sur les idées atomistiques, trop discréditées, mais sur des raisonnements généraux de dynamique. L'illustre physicien imaginait des systèmes, qu'il appelait monocycliques, dans lesquels certaines parties étaient animées de mouvements rapides qui se poursuivaient sans altérer la configuration du système, analogues par exemple à des rotations de volants ou des circulations de fluide en tourbillons. Il montrait qu'on pouvait, pour de pareils systèmes, définir mécaniquement une fonction jouissant des mêmes propriétés que l'entropie et où le rôle de la température était joué par la force vive de ces mouvements rapides. Mais, puisque le système monocyclique peut, par renversement de toutes les vitesses, parcourir indifféremment dans un sens ou dans l'autre une même série d'états, il ne pouvait servir de modèle que pour les transformations thermodynamiques réversibles, pour les cas où l'entropie demeure constante quand on envisage un système fermé. Helmholtz avait bien tenté, par l'introduction de mouvements cachés dont les vitesses ne pouvaient être renversées au moyen d'actions extérieures, d'obtenir des modèles mécaniques pour les transformations irréversibles, mais il n'avait pas réussi à définir mécaniquement une fonction de l'état de tels systèmes qui, comme l'entropie, allât toujours en croissant au cours des transformations spontanées.

Henri Poincaré, en s'appuyant sur les propriétés des formes quadratiques, démontre qu'une telle recherche ne peut pas aboutir, qu'aucune fonction de l'état d'un système régipar les équations hamiltoniennes ne peut aller constamment en croissant au cours du temps, que les deux principes de l'accroissement de l'entropie et de la moindre action sont inconciliables. Ce résultat est à rapprocher du théorème si important qu'il démontrait à peu près en même temps dans son grand Mémoire sur le problème des trois corps et d'après lequel un système dynamique abandonné à lui-même vient toujours, au bout d'un temps suffisamment long, repasser aussi près qu'on le veut de toute configuration déjà traversée. Il n'existe donc aucune fonction uniforme et continue de l'état de ce système qui ne doive, au cours du temps, reprendre aussi exactement qu'on le veut toute valeur déjà prise par elle. Aucune par conséquent ne peut aller constamment en croissant.

À la fin de la Préface du *Cours de Thermodynamique*, la conclusion est énoncée sous une forme qui dut paraître aux énergétistes marquer définitivement leur triomphe et condamner sans retour la doctrine adverse. Poincaré dit : le mécanisme est inconciliable avec le théorème de Clausius.

L'affirmation est parfaitement exacte, mais c'est le théorème de Clausius qui a tort. Il n'a que la valeur d'une loi de statistique, d'une vérité moyenne autour de laquelle des écarts sont possibles et d'autant plus marqués que le système est plus simple, composé d'un moindre nombre d'éléments moléculaires. Seule la complexité des systèmes sur lesquels l'expérience porte habituellement fait l'exactitude du principe de Carnot.

C'est seulement par l'emploi du calcul des probabilités qu'on peut espérer justifier une telle loi : la dynamique pure est en contradiction avec elle ; on la démontre en mécanique statistique par l'association du calcul des probabilités et de la dynamique. Ce fait paradoxal d'une loi qui, fausse dans chaque cas particulier, devient exacte en moyenne, devait éveiller l'attention d'un esprit subtil et profond comme celui de Poincaré, familier avec les aspects étranges que présentent souvent les lois du hasard.

La théorie cinétique des gaz avait apporté les premiers exemples d'application des raisonnements de probabilité à un système complexe dans lequel les actions élémentaires telles que les chocs entre molécules sont régies par les lois de la dynamique. On n'arriva que progressivement à réaliser cette application avec quelque rigueur, à mêler intimement deux disciplines aussi profondément différentes, les lois rigides de la mécanique rationnelle avec les notions en apparence toujours un peu flottantes des probabilités.

Des résultats remarquables avaient cependant été obtenus, des relations qu'il était impossible d'atteindre par une autre voie avaient été prévues et vérifiées expérimentalement entre les phénomènes de viscosité, de conductibilité calorifique et de diffusion des gaz. Maxwell avait réussi, par une analyse géniale, mais difficile, à poursuivre très loin la théorie d'un gaz dont les molécules étaient supposées se repousser en raison inverse de la cinquième puissance de la distance. Poincaré, qui voyait les moindres fautes de raisonnement aussi rapidement que nous corrigeons les fautes d'impression, eut l'occasion de relever deux erreurs contenues dans le Mémoire de Maxwell, l'une à propos de la loi de détente adiabatique, l'autre dans le calcul de la conductibilité calorifique du gaz.

Pour établir la loi statistique suivant laquelle les diverses molécules d'un gaz en équilibre thermique se distribuent entre les diverses vitesses, Maxwell avait été conduit à énoncer pour la première fois un théorème devenu fondamental en mécanique statistique : celui qui affirme l'équipartition en moyenne de l'énergie cinétique d'agitation moléculaire entre les différents degrés de liberté du système, entre les différents modes de mouvement possible, translation, rotation, vibration des molécules, quelle que soit la nature de celles-ci, lorsqu'il s'agit d'un gaz ou d'un mélange de gaz en équilibre thermique. C'est le premier et peut-être le plus important exemple de ces lois statistiques dont j'ai dit le caractère souvent paradoxal, et qui constituent une famille nouvelle à laquelle appartient le principe de Carnot.

Lord Kelvin, dynamiste puissant et irréductible, refusa toujours d'admettre ce genre de compromis : il lui répugnait de mélanger l'or pur de la mécanique rationnelle et le métal grossier des probabilités. Il éleva contre l'affirmation de Maxwell des objections basées sur l'examen de cas particuliers ingénieusement choisis où le théorème d'équipartition semblait être en défaut.

Henri Poincaré en reprit l'examen et trouva le point faible du raisonnement de Kelvin : l'énoncé de Maxwell n'était pas en défaut.

À cette même époque, le développement de la théorie cinétique des gaz conduisait Boltzmann et Gibbs à en généraliser et en préciser les modes nouveaux de raisonnement : leurs efforts aboutirent à la constitution d'une mécanique statistique d'où devait résulter la véritable interprétation du principe de Carnot.

La notion fondamentale est celle de probabilité d'une configuration donnée d'un système dynamique doué d'un nombre quelconque de degrés de liberté. Sa définition est intimement liée à un résultat donné autrefois par Liouville, à la découverte du premier de ces invariants intégraux d'un système d'équations différentielles dont Poincaré devait généraliser la notion et faire un emploi si remarquable dans son travail sur le problème des trois corps.

Cette notion de probabilité est précisément celle dont il fit usage lui-même, dans ce travail, en distinguant les trajectoires exceptionnelles dont les propriétés correspondent à une probabilité nulle par rapport à celles de l'ensemble des trajectoires possibles.

En prenant pour coordonnées les paramètres qui représentent la configuration d'un système dynamique et les moments correspondants, on obtient un espace généralisé, l'extension en phase de Gibbs, où chaque état possible du système est représenté par un point et chaque mouvement par une ligne ou trajectoire. En vertu du théorème de Liouville, de l'existence du premier invariant intégral, cet espace possède, comme l'espace ordinaire, la propriété que des éléments d'égale extension doivent y être regardés comme équivalents au point de vue de la présence possible à leur intérieur du point qui représente l'état du système.

Si l'on considère un ensemble composé d'un grand nombre de systèmes identiques dont chacun pourra être une molécule unique ou contenir lui-même beaucoup d'éléments, les états simultanés des divers systèmes de l'ensemble seront représentés par un nombre égal de points distribués dans notre espace généralisé. On définit aisément à partir de ce qui précède la probabilité au sens de Boltzmann pour une distribution déterminée de ces points. Le logarithme de cette probabilité est représenté par une intégrale étendue au domaine que les points occupent : elle est d'autant plus petite que les points représentatifs sont plus ramassés au voisinage les uns des autres, plus groupés dans certaines régions, qu'il y a plus d' organisation dans la distribution des divers états entre les systèmes. Elle est maximum pour une distribution particulière analogue à ce qu'est la distribution des vitesses de Maxwell lorsque les systèmes représentent les diverses molécules d'un gaz homogène. Nous allons voir que son logarithme possède des propriétés analogues à celles de l'entropie.

Il résulte du théorème de Liouville que si chaque système évolue indépendamment des autres sous l'action de forces extérieures données, les points représentatifs se déplacent au cours du temps de manière que ceux initiale ment contenus dans un certain domaine d'extension en phase occupent toujours un domaine d'étendue constante, mais de forme variable. L'ensemble des points se déplace à la façon d'un fluide incompressible. La forme de chaque élément, si elle est primitivement simple, se complique en général de plus en plus, elle s'amincit, s'allonge, se replie sur elle-même comme cela se passerait pour les éléments de volume d'un fluide constamment agité.

Si nos procédés de mesure étaient assez précis pour que nous puissions suivre dans tous ses détails le mouvement de chaque système et distinguer l'un de l'autre des états infini ment voisins, nous pourrions, malgré la pénétration en général de plus en plus intime de leurs replis, reconnaître constamment, distinguer les uns des autres les éléments primitifs comme pourrait le faire un puissant microscope pour le mélange mécanique obtenu par brassage de divers fluides non miscibles et de couleurs différentes. La conservation du volume de chaque élément à travers cette complication croissante de la forme a pour conséquence que le logarithme de la probabilité, l'entropie fine de Poincaré, reste constante au cours du temps, de même que l'entropie thermodynamique reste constante dans une transformation réversible. La détermination de cette entropie fine exigerait que nous sachions pousser la décomposition de l'extension en phase jusqu'à des éléments de plus en plus petits.

Mais la grossièreté de nos moyens de mesure limite la petitesse des éléments physiquement discernables ; les replis d'éléments primitivement distincts nous paraîtront se fondre les uns dans les autres, le brassage des fluides de couleurs différentes nous paraîtra bientôt donner un mélange de couleur uniforme. Le logarithme de la probabilité tel que nous pourrons la calculer par la décomposition en éléments physiquement discernables, l'entropie grossière de Poincaré, ira en croissant au lieu de rester constante comme l'entropie fine. Nous avons l'analogue du théorème de Clausius sur l'accroissement spontané d'entropie et une image de l'irréversibilité. Cet accroissement de l'entropie prend ainsi la signification concrète de l'évolution spontanée d'un ensemble vers des configurations sensibles de plus en plus probables.

Autrement dit, l'irréversibilité n'existerait pas pour nous si nous pouvions suivre individuellement, comme on le fait pour les astres en mécanique céleste, le mouvement de chacun des atomes dont la matière se compose. Le fait que nous atteignons seulement des grandeurs moyennes, comme la pression ou la température par exemple, a pour résultat que nous devons compléter la dynamique moléculaire par des calculs de probabilités et fondre les caractères individuels des systèmes, comme nos éléments d'extension en phase se fondent les uns dans les autres par suite de la complication croissante de leur forme. L'entropie grossière nous est seule accessible et va d'ordinaire en croissant constamment comme la thermodynamique le prévoit sous une forme absolue.

Dans ses *Réflexions sur la théorie cinétique des gaz*, Poincaré montre, conformément aux résultats généraux qu'il avait obtenus antérieurement sur la forme des trajectoires de la dynamique, que cette conclusion peut devenir inexacte si l'on attend suffisamment : au bout d'un temps de retour d'autant plus long que l'ensemble est plus complexe ou nos moyens d'investigation plus grossiers, la distribution des points peut s'éloigner de l'homogénéité, les fluides colorés peuvent se ramasser de nouveau et les conclusions de la thermodynamique se trouver en défaut.

Ainsi peut se manifester, dans un système parvenu à la configuration d'équilibre thermodynamique, à la distribution d'entropie ou de probabilité maximum, une organisation latente provenant de ce que l'ensemble des points représentatifs avait eu, à une époque antérieure, une distribution de moindre probabilité.

Sur un exemple particulier, celui de la distribution en longitude des petites planètes, exemple qu'il avait développé déjà dans son cours de calcul des probabilités, Poincaré met en évidence ces phénomènes de retour et d'organisation latente, qui éclairent profondément la notion d'irréversibilité, en montrent le véritable caractère ainsi que les limites, et donnent une excellente image des écarts à partir des prévisions rigides de la thermodynamique, écarts que la théorie des probabilités pouvait seule annoncer, et que l'expérience atteint, en particulier dans les phénomènes de mouvement brownien.

Les raisonnements de probabilités font non seulement prévoir ce frémissement universel autour des configurations rigides imposées par la thermodynamique, mais permettent encore d'en calculer l'importance et rendent compte par là de phénomènes aussi considérables que celui du bleu céleste, impossible à comprendre par une autre voie.

Poincaré fit beaucoup pour rendre entièrement clairs les raisonnements relatifs aux ensembles de Gibbs en traitant complètement un cas particulier simple, celui d'un ensemble qu'il appelle *gaz à une dimension* pour lequel il réussit à pousser les calculs jusqu'au bout.

On ne peut d'ordinaire prendre une molécule isolée pour en faire l'un des systèmes indépendants dont nous avons parlé. Dans le cas le plus simple, celui des gaz, les diverses molécules ne se meuvent pas indépendamment les unes des autres puisque leurs chocs mutuels viennent constamment modifier les conditions individuelles du mouvement. Aussi prend-on d'habitude le gaz tout entier comme système avec son nombre énorme de degrés de liberté et utilise-t-on, pour l'établissement des analogies thermodynamiques, les propriétés particulières des espaces généralisés ou extensions en phase à un nombre énorme de dimensions. L'inconvénient de cette méthode, avantageuse à d'autres points de vue, c'est qu'elle permet seulement des raisonnements dynamiques très généraux, sans qu'il soit possible de suivre les détails sur un exemple particulier.

Poincaré imagine un gaz composé de molécules qui, soumises d'ailleurs à des actions extérieures quelconques, ne peuvent se déplacer que sur une droite de longueur limitée, aux extrémités de laquelle elles se réfléchissent en changeant simplement le sens de leur vitesse. Ces extrémités de la droite jouent le rôle des parois qui limitent l'espace occupé par le gaz. Si deux molécules en mouvement sur la droite viennent se rencontrer, elles échangent simplement leurs vitesses pendant le choc de sorte que chacune d'elle continue le mouvement de l'autre ; tout se passe comme si elles s'étaient traversées sans agir l'une sur l'autre, et comme si les diverses molécules étaient autant de systèmes indépendants possédant un seul degré de liberté. On peut aisément suivre leurs mouvements et la manière dont varie au cours du temps la distribution des vitesses entre elles, soit lorsque les actions extérieures restent constantes, soit lorsqu'on fait varier ces actions de manière arbitraire. On peut calculer et suivre dans leurs variations les moyennes relatives à l'ensemble, force vive moyenne analogue à la température de ce gaz à une dimension ou échange moyen de quantité de mouvement avec les extrémités de la droite si l'on veut obtenir l'analogue d'une pression.

Poincaré montre d'abord l'analogie complète entre ce problème et celui des petites planètes. Les énoncés relatifs aux moyennes sont soumis aux mêmes restrictions provenant des mêmes possibilités de retour des configuration exceptionnelles, par exemple d'une accumulation des molécules dans une région limitée de la droite. Mais ces écarts deviennent pratiquement insensibles quand le nombre de molécules est grand et la question est de voir dans chaque cas particulier d'action extérieure comment l'ensemble prend progressivement, quand il en est écarté, la distribution d'équilibre, la distribution la plus probable compatible avec les conditions qui lui sont imposées et comment évoluent les valeurs moyennes pendant ce retour. Le fait que les vitesses des molécules ne sont pas modifiées par les chocs donne à ce gaz à une dimension des propriétés paradoxales et permet à Poincaré de montrer le rôle que jouent, dans les gaz ordinaires, ces chocs grâce auxquels s'établit spontanément la distribution des vitesses de Maxwell. Les propriétés paradoxales disparaissent quand on suppose donnée initialement au gaz à une dimension cette distribution particulière qui ne s'y établit pas spontanément.

Par exemple, Gibbs avait montré par des raisonnements statistiques que, conformément aux prévisions de la thermodynamique, un gaz ordinaire s'échauffe quand on produit une série de changements brusques des actions extérieures ramenant finalement ces actions à leurs valeurs primitives. Il supposait d'ailleurs qu'après chaque variation brusque on attendait avant d'en produire une autre que le gaz ait atteint l'état d'équilibre nouveau, la configuration la plus probable compatible avec les conditions nouvelles. Il montrait que l'entropie doit aller constamment en croissant par suite des phénomènes irréversibles qui se produisent dans le gaz après chaque variation des conditions extérieures.

Poincaré montre que les gaz à une dimension, pour des distributions convenablement choisies des vitesses entre les molécules, peuvent donner le résultat opposé : la force vive totale peut avoir diminué après qu'on a parcouru le cycle de changements, mais dans tous les cas l'entropie grossière augmente. La diminution de force vive qui se produit progressivement pendant l'établissement du régime permanent est d'ailleurs précédé par un accroissement initial après chaque variation brusque des conditions extérieures. Si la distribution des vitesses est initialement celle de Maxwell il y a, comme pour les gaz ordinaires, accroissement de la force vive une fois le cycle terminé.

On comprend mieux la signification et la portée d'un résultat quand on peut dissocier les éléments qui s'y combinent. C'est ce que fit Poincaré en analysant les propriétés d'un gaz où les chocs mutuels entre molécules n'interviennent pas, où ne s'établit pas spontanément la distribution des vitesses de Maxwell.

Sans sortir du domaine de la physique ni suivre Poincaré dans son œuvre imposante d'astronome, je dois rappeler ici, en relation avec ce qui précède, la manière dont il sut appliquer les méthodes de la théorie cinétique à certaines des questions les plus importantes et les plus actuelles de la théorie des mondes. Il me faudrait, en réalité, analyser tout ce qui lui est personnel dans l'enseignement qu'il donna pendant la dernière année de sa vie sur les hypothèses cosmogoniques. J'en veux retenir seulement deux points : le développement d'une idée de Lord Kelvin sur l'assimilation de la voie lactée à un gaz et la discussion de l'hypothèse des corpuscules ultramondains de Lesage.

Alors que dans notre système solaire le nombre des astres est assez petit pour que nous puissions espérer en prévoir les mouvements dans le détail par application des méthodes de la dynamique, le nombre des étoiles qui composent notre nébuleuse et qui peuvent agir les unes sur les autres comme le feraient les molécules d'un gaz, mais en suivant la loi de gravitation tant qu'elles n'entrent pas en collision immédiate, est tellement grand que nous ne pouvons espérer atteindre quelque loi autrement que par l'emploi des raisonnements statistiques ; ces lois devront être des lois de moyennes portant sur les mouvements individuels observés. Si la voie lactée peut être assimilée à un gaz composé d'étoiles, et si la distribution la plus probable a eu le temps de s'y réaliser grâce aux actions mutuelles, les vitesses des étoiles doivent être distribuées dans chaque région suivant la loi de Maxwell avec une énergie cinétique moyenne jouant un rôle analogue à celui d'une température et décroissante du centre à la périphérie suivant une loi comparable à celle d'une détente adiabatique.

La température centrale, dans la région où se trouve notre soleil, est liée de manière simple, du moins si l'on suppose la nébuleuse primitive sans mouvement sensible, à la masse totale de cette nébuleuse, au nombre total des étoiles supposées toutes du même ordre de grandeur. En suivant une voie différente de celle de Kelvin, Poincaré retrouve ainsi, à partir des vitesses moyennes observées pour les étoiles voisines de nous, un nombre total d'étoiles de l'ordre du milliard, tout à fait de même ordre que le nombre des étoiles visibles.

Les choses ne sont cependant pas tout à fait aussi simples. La nébuleuse n'est pas sphérique comme le voudrait l'assimilation précédente : elle est aplatie, probablement à cause d'un mouvement initial de rotation d'ensemble, et les vitesses observées sur les étoiles manifestent nettement une organisation, l'existence de courants généraux que les actions mutuelles n'ont pas eu le temps encore de détruire pour réaliser la distribution de Maxwell, d'où la possibilité de remonter à l'époque où une organisation plus complète a peut-être existé. Enfin, les distances moyennes énormes où les étoiles se trouvent les unes des autres font que les actions mutuelles interviennent très rarement avec intensité et que la nébuleuse est, plus qu'à un gaz ordinaire, comparable à ces gaz ultra-raréfiés dont l'étude a beaucoup progressé récemment et où le libre parcours des molécules est très grand par rapport aux dimensions de l'ensemble.

Le mystère de la gravitation a beaucoup préoccupé les meilleurs esprits et, parmi les hypothèses proposées pour l'éclaircir, une des plus remarquables est celle de Lesage. Il imagine l'espace empli de corpuscules se mouvant en tous sens avec d'énormes vitesses. Leurs chocs sur un corps isolé se compensent par raison de symétrie, mais si deux corps sont voisins, chacun d'eux protège l'autre contre les chocs venant du côté où il se trouve lui-même et, ceux qui viennent de l'autre côté n'étant plus compensés, les deux corps semblent s'attirer en raison inverse du carré de la distance. Mais pour que cet effet ne soit pas compensé par les réflexions des corpuscules à la surface des corps matériels, il faut que les chocs se produisent avec perte d'énergie des corpuscules. En tenant compte, d'autre part, de la résistance au mouvement que devrait éprouver la matière dans un milieu rempli de tels corpuscules et de la limite supérieure que l'astronomie nous permet d'assigner à cette résistance, Poincaré montre que l'énergie cinétique perdue par les corpuscules au moment des chocs devrait, pour que l'attraction newtonienne en résulte, produire un échauffement extraordinairement rapide de la matière, de l'ordre de 10^{26} degrés par seconde. La théorie de Lesage doit donc être rejetée malgré son aspect singulièrement séduisant.

X. — LA THÉORIE DU RAYONNEMENT ET LES QUANTA

J'ai dit que la dernière œuvre d'Henri Poincaré en physique mathématique est relative aux difficultés capitales qu'a soulevées l'application simultanée à la théorie du rayonnement des deux disciplines électromagnétique et statistique, si fécondes chacune dans son propre domaine. On sait qu'à l'intérieur d'une enceinte vide en équilibre thermique il s'établit une distribution permanente de rayonnement dont l'expérience montre, conformément aux prévisions de Kirchoff, qu'il est indépendant, comme composition spectrale et comme intensité, de la nature des parois de l'enceinte. Il est déterminé uniquement par la température et présente dans le spectre un maximum d'énergie correspondant à des longueurs d'onde de plus en plus courtes à mesure que la température s'élève.

Le système des électrons présents dans la matière et de l'éther intérieur à l'enceinte constitue un système électromagnétique régi par les équations générales de la théorie de Lorentz et de la dynamique électromagnétique. Lorentz a montré qu'on peut mettre ces équations sous une forme telle que les raisonnements généraux de la mécanique statistique leur deviennent applicables et permettent par conséquent de prévoir la configuration la plus probable jouant pour ce système le rôle que joue pour un gaz la loi de distribution des vitesses de Maxwell. La composition spectrale que prévoit ainsi pour le rayonnement d'équilibre

158

la combinaison de l'électromagnétisme et de la statistique est en opposition formelle avec l'expérience : il ne présente aucun maximum d'énergie dans le spectre et correspondrait à une énergie du rayonnement infinie à toute température.

M. Planck a pu retrouver une loi conforme à l'expérience par une hypothèse d'apparence singulière, mais qui semble bien être extrêmement féconde, celle des quanta. Il rejette la continuité fondamentale en électromagnétisme et en mécanique ; il admet que l'énergie d'un électron vibrant autour d'une position d'équilibre ne peut varier que par degrés discontinus, par quanta égaux entre eux et de grandeur finie proportionnelle à la fréquence du résonnateur que constitue l'électron. Le rayonnement, au lieu d'être émis par celui-ci de façon progressive, le serait de manière discontinue. La définition des probabilités continues compatible avec la forme des équations différentielles de la dynamique ou de l'électromagnétisme ne pourrait pas être conservée ; seules certaines configurations isolées et séparées les unes des autres par des intervalles finis dans l'extension en phase seraient possibles.

Henri Poincaré se demande si cette conclusion est inévitable, si aucune autre hypothèse que celle de M. Planck ne permettrait de résoudre la difficulté et de représenter les faits expérimentaux. Il montre comment on peut suivre une marche inverse à celle de M. Planck et remonter de la loi expérimentale du rayonnement d'équilibre thermique à la définition correspondante des probabilités. Il aboutit à cette conclusion qu'à toute loi de rayonnement correspond une seule définition possible et que les discontinuités sont inévitables.

Il en résulte que les mouvements des électrons intérieurs aux atomes dont les ondes lumineuses sont issues ne sauraient être régis par des équations différentielles, qui, par leur forme même, impliquent la continuité dans la distribution des probabilités. Il nous faut renoncer à ce mode d'analyse pour énoncer les lois qui régissent les phénomènes intra-atomiques. Il ne peut être utile que dans certains cas où le grand nombre des éléments en jeu suffit pour effacer toute influence des discontinuités individuelles et profondes. Dans d'autres cas, comme celui du rayonnement thermique, ces discontinuités conservent au contraire une influence prépondérante jusque sur les grandeurs moyennes accessibles à nos mesures. Aussi bien ces résultats nouveaux permettront-ils de résoudre bien des difficultés laissées dans l'ombre par la théorie cinétique ordinaire, en particulier celle de comprendre pour quoi la loi d'équipartition de Maxwell n'est pas applicable aux degrés de liberté intérieurs aux atomes et auxquels correspond l'émission des raies spectrales.

XI. — LES THÉORIES PHYSIQUES ET LA PHILOSOPHIE

Après ce long exposé où j'ai cherché surtout à mettre en évidence la prodigieuse activité mentale, l'extraordinaire rapidité de compréhension, qui conduisit Poincaré à s'intéresser aux problèmes les plus difficiles et les plus variés de notre physique, à exercer sur son développement une influence de premier ordre par une collaboration quotidienne et féconde, je dois dire encore un mot de la partie plus philosophique de son œuvre, des réflexions qu'il a consacrées à la valeur de notre effort commun, à la critique des principes et des théories par lesquels la physique a tenté d'édifier une représentation du monde.

J'ai parlé plus haut du langage dont se servent les techniciens de l'électricité pour traduire les faits sous une forme rapide et suffisamment générale pour les besoins ordinaires. Henri Poincaré a montré comment, dans tous ses domaines, le but de la science est la constitution d'un semblable langage permettant d'exprimer avec précision et généralité les rapports de plus en plus complexes que l'expérience nous révèle. Nous construisons les hypothèses et les principes comme on choisit les mots et les règles, d'une langue, nous les adaptons progressivement ou les modifions s'il est nécessaire pour donner à l'expression plus de rapidité et de précision à la fois, pour lui permettre de rendre des idées nouvelles ou de nouveaux aspects de la réalité.

Comme une même idée peut être traduite en des langues différentes, plus ou moins claires d'ailleurs, des théories en apparence distinctes peuvent représenter les mêmes faits, inégalement bien peut-être, c'est-à-dire avec une inégale aptitude à s'assimiler des vérités nouvelles : seule la commodité d'emploi et la faculté d'adaptation nous donneront des raisons de préférer les unes aux autres.

Mais si la forme du langage est dans une certaine mesure arbitraire, il ne faut pas cesser, comme le firent ceux qui comprirent mal la pensée de Poincaré, de voir, à travers les symboles changeants, la réalité profonde qu'ils expriment, ces rapports révélés par l'expérience et que notre science a pour but de symboliser au moyen de notions et de liaisons établies entre elles. La possibilité de traduire un même fait d'une langue dans une autre ne doit pas faire oublier l'existence du fait, seule essentielle d'ailleurs. Et les faits ce sont les rapports entre les choses, rapports que l'expérience découvre et qui ont une valeur parce qu'ils sont les mêmes pour tous les hommes ; ce sont eux qui leur constituent une richesse commune constamment accrue. La théorie est la forme créée par nous pour les exprimer et les rendre à la fois intelligibles et utilisables.

Ô Maître, non seulement tu nous as donné le plus grand exemple d'une féconde activité d'esprit, mais encore, en nous faisant mieux comprendre le but de notre tâche, tu nous auras appris à la mieux remplir et à la mieux aimer.

P. Langevin.

———

L'ŒUVRE PHILOSOPHIQUE

Lorsque l'on entreprend de classer les idées philosophiques d'Henri Poincaré et de situer exactement son œuvre[1] parmi les doctrines contemporaines, il est nécessaire de procéder avec beaucoup de circonspection si l'on ne veut pas risquer de faire fausse route. Henri Poincaré était en philosophie un autodidacte, et il éprouvait à l'égard des systèmes une méfiance particulière. Il s'est défendu d'être nominaliste, mais toute autre qualification appliquée à sa doctrine l'eût également inquiété. Sur nombre de problèmes, en effet, qui divisent les partis philosophiques, il se déclare incapable de prendre aucun parti parce que, dit-il, pour un savant, la question ne se pose même pas. Pour bien comprendre Henri Poincaré, il faut se rappeler qu'il ne perd pas de vue les faits, et que, dans ses spéculations les plus audacieuses, les plus paradoxales en apparence, il y reste encore fermement attaché. Peu lui importe de savoir où il aboutira et si ses conclusions s'accorderont ou non avec les idées traditionnelles. Il cherche la vérité sans idée préconçue, en faisant soigneusement table rase de tout ce qu'il a pu lire ou entendre, en évitant même de communiquer ses pensées à autrui tant qu'elles ne sont pas définitivement formées. Comme s'il craignait de se laisser influencer et de contrarier le travail d'analyse qui s'accomplit au dedans de lui et, pour ainsi dire, indépendamment de lui, Poincaré médite seul et presque dans le secret. Puis brusquement l'idée jaillit, avec ces caractères de brièveté et d'irrésistibilité que nous retrouvons dans l'invention mathématique ; et désormais elle s'impose. Aux philosophes de trouver après coup des théories qui rendent compte de la vérité ainsi découverte ; ils n'ont pas plus le droit de la contester qu'ils ne peuvent nier la science : car la vérité au sens de Poincaré, ce n'est autre chose, en somme, que l'expression philosophique des conditions impliquées par l'existence effective des sciences positives.

Cet ensemble de faits objectifs, ces jalons que doit respecter toute théorie de la connaissance, Henri Poincaré y fut conduit tout naturellement par ses études mathématiques, et, du jour où il les aperçut, il en eut une compréhension complète et définitive. Le fond des idées d'Henri Poincaré sur la science et sur la recherche scientifique n'a jamais varié. C'est dans la forme seulement que ces idées se sont modifiées, prenant peu à peu un aspect moins technique et moins spécial à mesure que s'étendait leur champ d'application, s'épurant, d'autre part, et se cristallisant au contact des idées voisines ou opposées qui furent émises, durant les vingt dernières années, par divers penseurs éminents.

De bonne heure Henri Poincaré avait eu un goût très vif pour la controverse philosophique. Lorsque M. Xavier Léon, créant en 1893 la *Revue de Métaphysique et de Morale*, fit appel à son concours, il l'accorda avec empressement, et il ne cessa depuis lors d'être un collaborateur régulier de cette Revue. Il fut aussi l'un des premiers membres de la *Société française de philosophie*. C'est ainsi qu'il prit l'habitude de s'adresser au public philosophique et qu'il entra en discussion avec divers logiciens et métaphysiciens tels que MM. Couturat, Russell, Le Roy, Lalande. Au cours de cet échange d'idées, Henri Poincaré eut l'occasion de traiter des questions nouvelles qu'il ne s'était pas posées auparavant. Et cependant, au moment même où il est le plus intéressé et le plus entraîné par la discussion, il évite encore, comme nous le disions tout à l'heure, d'entrer proprement dans la lice philosophique. Il se demande simplement si, sous la forme précise que leur ont donnée leurs auteurs, les théories qu'on lui propose s'accordent ou non avec certains ensembles de faits. Puis il se replie de nouveau sur lui-même, et sa pensée, prenant possession de la pâture nouvelle qui lui est offerte, stimulée par les difficultés qu'on lui suscite, poursuit méthodiquement son travail de réflexion intérieure.

C'est le mouvement, c'est le progrès continu de cette pensée, qu'il faudrait étudier et suivre d'étape en étape, si l'on voulait pénétrer à fond l'œuvre philosophique d'Henri Poincaré. Bien entendu, nous ne pouvons prétendre, en ces quelques pages, accomplir un pareil travail. Nous nous bornerons à indiquer quelques points de repère, qui pourront peut-être aider à s'orienter les nombreux lecteurs du mathématicien philosophe.

I

C'est la géométrie non-euclidienne qui conduisit Henri Poincaré à ses premières réflexions philosophiques. Il s'aperçut que ses travaux d'analyse mathématique lui permettaient de jeter une nouvelle lumière sur l'antique question du postulat euclidien qui était encore et plus que jamais à l'ordre du jour.

On sait quelle est l'étrange conclusion à laquelle aboutit l'effort séculaire des mathématiciens qui tentèrent de démontrer le cinquième Postulat : *Par un point pris hors d'une droite on peut mener une et une seule parallèle à cette droite.* On constata qu'en partant d'une hypothèse contraire à celle que formule ce postulat, on peut construire un système logique de propositions susceptibles de se dérouler à l'infini sans se heurter jamais à aucune contradiction. Au regard de la logique pure, un tel système est une « géométrie » tout aussi valable que la géométrie euclidienne. Deux nouvelles géométries peuvent être ainsi créées, qui sont également légitimes : la géométrie de Lobatchewsky, dans laquelle par un point pris hors d'une droite on peut mener plusieurs parallèles à cette droite ; la géométrie de Riemann, où l'on ne peut mener aucune parallèle à la droite et dans laquelle, d'ailleurs, le concept

166

traditionnel de ligne droite se trouve profondément altéré ; car cette géométrie jette par-dessus bord, avec le cinquième postulat d'Euclide, cet autre axiome classique : *Par deux points on ne peut faire passer qu'une droite*.

Cependant, tout en en admettant la possibilité théorique, on pouvait penser que les géométries non-euclidiennes étaient des constructions tout artificielles et sans rapports avec la géométrie réelle. Et, d'ailleurs, on pouvait leur adresser cette objection : vous dites que votre chaîne de théorèmes sera exempte (le contra-dictions quelque loin que vous la poursuiviez ; mais, comme cette chaîne est infinie, vous n'arriverez jamais au bout, vous n'aurez jamais fini de la dérouler, et qui me dit alors que la contradiction, évitée jusqu'ici, n'apparaîtra pas.à un moment donné ? À cette critique et à cette objection, Riemann et Beltrami répondirent en montrant que les théories géométriques dites non-euclidiennes peuvent toujours être considérées, si on le veut, comme des théories de géométrie euclidienne. Il n'y a que quelques dénominations à changer (ce qui n'altère nullement l'enchaînement des théorèmes) pour que les propriétés des droites non-euclidiennes deviennent tout simplement les propriétés de courbes d'un certain type tracées sur une surface d'un certain type. Les théorèmes non-euclidiens expriment donc des faits réels — dans un langage donné, il est vrai, — et leur légitimité n'est ni plus ni moins discutable que celle de la géométrie ordinaire.

Tel était l'état de la question lorsque les recherches d'Henri Poincaré sur les « fonctions fuchsiennes » le conduisirent, d'une manière tout à fait inattendue, à un nouveau mode de traduction des théorèmes non-euclidiens en propriétés de figures euclidiennes. Cette découverte apportait un complément précieux aux travaux de Riemann et de Beltrami, et elle était d'autant plus suggestive qu'elle renversait les rôles joués jusqu'alors par les deux géométries, euclidienne et non-euclidienne. Au lieu de se servir de la première pour donner un sens à la seconde, Poincaré utilise au contraire les propositions non-euclidiennes pour triompher des difficultés qu'il rencontre dans un problème de géométrie réelle. Il s'agissait de raisonner sur un réseau de triangles curvilignes formés d'arcs de cercle qui coupent orthogonalement un cercle fondamental donné. Or, les propriétés des arcs ainsi définis sont justement celles que la géométrie de Lobatschewsky attribue aux lignes droites. Ceci nous montre que cette géométrie logique n'est point un simple jeu de l'esprit. « Les théorèmes » de la géométrie de Lobatschewsky, — dit Poincaré[2] — sont aussi vrais que ceux de la géométrie d'Euclide à la condition qu'on les interprète comme ils doivent l'être. Ainsi, par exemple, ces théorèmes ne sont pas vrais de la ligne droite telle que nous la concevons, mais ils le deviennent si partout où Lobatschewsky dit « une droite », nous disons « un cercle qui coupe orthogonalement le cercle fondamental ». Je me trouvais donc en présence de toute une théorie, imaginée il est vrai dans un but métaphysique, mais dont chaque proposition, convenablement interprétée, me fournissait un théorème applicable à la géométrie ordinaire ».

La conclusion de ces remarques s'impose d'elle-même : le cinquième postulat d'Euclide se réduit à une convention de langage. Nous sommes convenus de nommer « droite » une figure jouissant de certaines propriétés ; mais il est bien évident que nous serions libres d'appeler cette figure autrement et d'appliquer le nom de droite à, une figure différente : nous aurions alors une géométrie contraire au postulat d'Euclide.

Si l'on a bien compris ces faits, la discussion philosophique à laquelle a donné lieu le postulat euclidien se trouvera close *ipso facto*. Le postulat n'est point un jugement *a priori* ; car s'il était *a priori*, il aurait un caractère de nécessité ; or, nous venons de voir qu'il est conventionnel, et qui dit convention dit décision libre de l'esprit. Le postulat n'est pas non plus un jugement empirique ; car si la géométrie euclidienne est vraie pour le physicien, la géométrie non-euclidienne ne pourra pas être moins vraie.

Cette seconde assertion, cependant, avait besoin d'être précisée pour devenir tout à fait convaincante. Poincaré la développe sous une forme neuve et probablement définitive.

On sait que dans la géométrie euclidienne la somme des angles d'un triangle est égale à deux droits, tandis que cette somme est moindre que deux droits dans la géométrie lobatschewskienne. N'y a-t-il pas là un critère permettant de savoir quelle est celle des deux géométries qui est réalisée dans la nature ? Ne peut-on pas mesurer les angles d'un triangle très grand, ayant pour sommets des étoiles, et calculer directement la somme de ces angles ? L'idée était séduisante, mais les adversaires de l'empirisme n'eurent pas de peine à montrer qu'elle ne pouvait pas donner lieu à une expérience décisive. Les observations humaines, dirent-ils, ne sont jamais rigoureusement exactes ; tout ce que pourrait donc prouver la mesure proposée, c'est que les angles du triangle ont une somme très voisine de deux droits (que la différence entre cette somme et deux angles droits ne peut pas être appréciée par nos instruments), et que, par conséquent, la géométrie de la nature est extrêmement rapprochée de celle d'Euclide ; mais il est impossible d'établir que les deux géométries coïncident exactement.

L'argument est bon, mais il ne prouve pas assez, et il est nécessaire de le compléter. Il faut remarquer, en effet, que l'expérience dont nous venons de parler implique une définition physique de la ligne droite : la ligne droite est le chemin parcouru par un rayon lumineux. Or, il est impossible de justifier expérimentale-ment une pareille définition. Tout se tient dans l'univers ; et si, comme nous l'avons imaginé tout à l'heure, nous bouleversons notre vocabulaire de telle sorte que le mot « droite » cesse de désigner une droite, ce mot, peut-être, ne pourra plus servir non plus à caractériser le chemin d'un rayon lumineux. Pour couper court à tout malentendu, Henri Poincaré s'amuse à décrire un monde imaginaire dont les conditions physiques seraient telles que la géométrie lobatschewskienne s'imposât à ses habitants avec autant de force que la géométrie euclidienne s'impose à nous autres humains. Cette ingénieuse fiction de Poincaré ne tarda pas à faire fortune, et elle a été si souvent reproduite qu'il est sans doute inutile de la rappeler ici.

Ainsi, lorsqu'on a reconnu que le postulat d'Euclide est conventionnel, la question de son origine est tranchée. Cela ne veut pas dire bien entendu, que la convention sur laquelle repose ce postulat puisse se passer de justification. Poincaré a toujours soutenu — bien que, sur ce point, il n'ait pas tout de suite développé sa pensée, — que les conventions adoptées par les savants leur sont suggérées du dehors. Ne venons-nous pas de dire qu'à nous, qui vivons sur la terre et non dans le monde fictif de Poincaré, la géométrie euclidienne s'impose *au point de vue* pratique *parce qu'étant données les conditions de notre globe, elle est incontestablement celle qui nous permet d'expliquer et de prévoir les phénomènes avec le moins d'effort. C'est parce que nous avons reconnu ce fait que nous adoptons l'axiome euclidien de préférence à un axiome contraire. Nous choisissons notre science entre plusieurs sciences possibles ; mais notre choix est guidé par notre expérience.*

Les conclusions auxquelles l'avait conduit l'analyse du cinquième postulat, Henri Poincaré devait naturellement chercher à, les étendre aux autres axiomes de la géométrie. L'attention des mathématiciens se trouvait précisément attirée, aux environs de 1880, sur les théories de Sophus Lie, d'où résultait la possibilité et la validité logique de divers types de géométries. Poincaré, devenu lui-même l'un des principaux champions de la notion de groupe dont se servait Sophus Lie, s'efforça de classer ces géométries, et il parvint ainsi à quelques résultats précis qu'il fit connaître en 1887 dans le *Bulletin de la Société mathématique de France (Sur les hypothèses fondamentales de la géométrie).*

Une infinité de géométries sont logiquement possibles ; le nombre de ces géométries se restreindra cependant très rapidement si l'on y introduit progressivement certaines hypothèses particulières qui paraissent bien être la base fondamentale de notre science. Ces hypothèses sont celles d'où résulte la possibilité de déplacer dans l'espace[3], sans les déformer, certains corps que nous appelons corps solides (si l'étude des déplacements ne pouvait pas être séparée de l'étude des changements de forme, il n'y aurait pas de géométries[4]).

Admettons, — afin de pouvoir nous expliquer plus clairement — que nous sachions déjà ce que c'est qu'un *point* (pour être complet, il faudrait définir le point par les considérations analogues à celles qui vont nous servir à définir la droite). Puis considérons *a priori* une certaine catégorie de mouvements de points, constituant un *groupe* de *transformations* au sens mathématique du mot[5]. Ces mouvements transforment les figures (composées de points) en d'autres figures ; mais nous ne savons pas s'ils les déforment ou non ; nous ne savons même pas encore ce que c'est que la forme d'une figure. Cependant, en raisonnant *a priori*, nous pouvons définir des groupes de mouvements satisfaisant à certaines conditions que Poincaré énumère. Or, nous constatons par expérience qu'il existe, dans la nature, des corps dont les mouvements satisfont à peu de choses près à ces mêmes conditions et se rapprochent tout particulièrement des mouvements de l'un des groupes que nous pouvons définir. Cette circonstance attire notre attention sur le groupe en question. Nous convenons de dire qu'une figure qui subit un mouvement faisant partie de ce groupe reste *égale* à elle-même. Nous convenons d'appeler *droite* tout ensemble de points que ne font pas bouger ceux des mouvements du groupe qui laissent immobiles deux de ces points au moins. Nous définissons d'une manière analogue le *plan* et les autres notions géométriques.

« Les hypothèses fondamentales de la géométrie — conclut Henri Poincaré — ne sont pas des faits expérimentaux : c'est cependant l'observation de certains phénomènes physiques qui les fait choisir parmi toutes les hypothèses possibles » (*loc. cit.*, p. 215).

Si ces conclusions sont justes lorsqu'il s'agit de la géométrie, combien plus évidentes encore ne paraissent-elles pas être en physique ? Devenu en 1886 professeur de physique mathématique, Henri Poincaré s'était mis rapidement au courant des derniers progrès de cette science, et il assistait à un spectacle sans précédent dans l'histoire.

Les théories qui semblaient le plus solidement assises s'écroulaient brusquement ; les hypothèses nouvelles se multipliaient et elles étaient de plus en plus disparates ; souvent elles se contredisaient les unes les autres. Les ondulations de Fresnel, par exemple, étaient abandonnées, tandis que la molécule électrisée, imaginée par Coulomb et rejetée par ses successeurs, réapparaissait sous le nom d'électron. Enfin, Maxwell survenait, qui bouleversait complètement l'idée que nous autres Français, en particulier, avions coutume de nous faire des théories physiques.

Nous reviendrons tout à l'heure sur la critique générale des lois de la physique qu'entreprit Henri Poincaré ; mais il nous faut dès maintenant signaler les réflexions que lui suggérèrent, dès 1890 environ, ses premiers travaux de physique mathématique et spécialement l'étude de Maxwell.

Maxwell ne cherche pas, remarque Poincaré, à construire un édifice unique, définitif et bien ordonné ; mais, plutôt, il élève un grand nombre de constructions provisoires et indépendantes, entre lesquelles les communications sont difficiles, sinon impossibles. On cessera de s'étonner de ces discordances si l'on comprend bien quel est le but du physicien anglais et quel est le résultat auquel ont abouti ses travaux. Maxwell se demande si certains phénomènes électriques comportent une explication mécanique ; pour qu'ils en admettent une, il faut et il suffit que les mouvements par lesquels ils se manifestent puis-sent être définis au moyen de certaines équations différentielles, dont les variables sont des paramètres accessibles à l'expérience, et dont la forme est celle que prévoit la mécanique rationnelle. Peu importe la nature des paramètres pourvu que les équations soient des équations de Lagrange. — Ayant ainsi posé le problème, Maxwell arrive à démontrer que si un phénomène comporte une explication mécanique, il en comportera une infinité d'autres ; pour le théoricien, d'ailleurs, toutes ces explications sont équivalentes ; elles ont la même valeur.

Ces considérations mettent en évidence la part de convention qu'il y a au fond des théories physiques et le rôle capital qu'y joue l'hypothèse. La science se développe en généralisant les faits observés : or, toute généralisation repose sur des hypothèses.

En réfléchissant sur la signification de ces hypothèses, Poincaré était conduit à des conclusions qu'il résumait ainsi dans une notice rédigée quelques années plus tard :

« Dans une théorie physique, il faut distinguer le fond et la forme. — Le fond, c'est l'existence de certains rapports entre des objets inaccessibles, car les rapports sont la seule réalité que nous puissions atteindre, et tout ce que nous pouvons demander, c'est qu'il y ait les mêmes rapports entre les objets réels inconnus et les images que nous mettons à leur place. — La forme n'est qu'une sorte de vêtement dont nous habillons ce squelette ; ce vêtement, nous le changeons fréquemment, à l'étonnement des gens du monde, que cette instabilité fait sourire, et qui proclament la faillite de la science. Mais, si la forme change, le fond reste.

« Les hypothèses relatives à ce que je viens d'appeler la forme ne peuvent pas être vraies ou fausses, elles ne peuvent être que commodes ou incommodes. Par exemple, l'existence de l'éther, celle même des objets extérieurs ne sont que des hypothèses commodes… C'est pour cela qu'il y a certaines catégories de faits qui s'expliquent également bien dans deux ou plusieurs théories différentes sans qu'aucune expérience puisse jamais décider entre elles. »

Ces conclusions sont-elles exagérées ? Certains l'ont pu penser naguère. Mais nous verrons tout à l'heure qu'elles paraissent aujourd'hui se confirmer de plus en plus.

Les réflexions d'Henri Poincaré sur la géométrie et sur la physique semblaient avoir pour conséquence de diminuer la part d'objectivité que l'on attribue généralement à la science et d'exalter par contre la puissance créatrice du savant. Elles impliquaient en tout cas une conception nouvelle des rôles respectifs de l'expérience et de l'esprit dans la constitution des théories scientifiques. Cette conception, qui s'accordait si bien avec les derniers progrès de la physique mathématique, Poincaré voulut l'éprouver dans le domaine où la science se présente au contraire sous la forme la plus abstraite : l'analyse mathématique. En 1893, dans le premier numéro de la *Revue de Métaphysique*, il publia une étude de philosophie critique sur le continu.

Deux doctrines sont en présence qui expliquent de manières opposées l'origine du continu des analystes. D'après les arithméticiens, tels que Dedekind et Kronecker, le continu mathématique est une pure création de l'esprit. Et, en effet, en partant de la seule notion de nombre entier, on parvient à construire, par des procédés purement logiques, une théorie qui renferme toutes les relations auxquelles peuvent donner lieu les nombres irrationnels ou grandeurs continues. Or, c'est là tout ce que le mathématicien a besoin de connaître touchant le nombre irrationnel ; car sa fonction n'est pas d'étudier les objets, mais seulement des relations entre les objets, et à ceux-ci il est libre de substituer des symboles quelconques.

La doctrine contraire pst celle des empiristes, d'après lesquels le continu mathématique dériverait de l'expérience physique.

Aucune des deux solutions proposées ne satisfait Henri Poincaré. L'arithmétisme de Dedekind est acceptable, sans doute, pour le logicien. Mais comment et pourquoi y a-t-on été conduit ? Jamais, bien évidemment, on n'aurait imaginé pareille théorie si l'on n'avait pas su déjà *à peu près* ce que c'est qu'une longueur non mesurable par un nombre entier. L'empirisme, d'autre part, est contredit par les faits, car l'expérience ne peut discerner que des quantités discontinues ; elle confond l'une avec l'autre deux sensations très rapprochées.

Empirisme et arithmétisme contiennent cependant, chacun, une part de vérité, et il suffira de les combiner peur expliquer d'une manière satisfaisante la genèse du continu. Henri Poincaré entreprend donc de décrire à son tour cette genèse, et il aboutit à la conclusion que nous aurions pu facilement prévoir : « l'esprit a la faculté de créer des symboles, et c'est ainsi qu'il a construit le continu mathématique qui n'est qu'un système de symboles. Sa puissance n'est limitée que par la nécessité d'éviter toute contradiction ; mais l'esprit n'en use que si l'expérience lui en fournit une raison ».

C'est ainsi qu'Henri Poincaré cherchait à déterminer, en étudiant des exemples typiques, la part qui revient à l'esprit dans l'édification des mathématiques. Il ne lui était pas possible de s'arrêter là. Pour que ses assertions eussent un sens précis, il fallait qu'il expliquât quelle idée au juste il se faisait de l'activité de l'esprit. Il publia donc un second article dans la *Revue de Métaphysique*, où il traita de la nature du raisonnement mathématique (1894).

Il est entendu — du moins l'admettrons-nous sans entrer dans plus d'explications — que le savant part de définitions et d'axiomes dont certains sont conventionnels. Il s'agit de savoir comment, avec ces éléments, on peut construire les mathématiques.

L'opinion du vulgaire est que le raisonnement du mathématicien est un raisonnement déductif conforme aux règles de la syllogistique aristotélicienne. Mais cette opinion est difficile à soutenir, et nombre de philosophes, déjà, ont cherché à. montrer que, même dans la science la plus théorique, tout n'est pas déduction. Qu'est-ce donc qui est *inductif* dans la démonstration mathématique ? La question comporterait, d'après Henri Poincaré, une réponse très simple et très précise. Ce qui est inductif, c'est un certain mode de raisonnement que l'on retrouve, sous des aspects divers, d'un bout à l'autre des mathématiques : c'est le *raisonnement récurrent.*[6] : sait qu'une certaine proposition est vraie pour le nombre 1 ; on démontre que si elle est vraie pour le nombre n - 1, elle sera vraie pour le nombre n, et l'on conclut de là que la proposition est vraie pour tous les nombres.

Ainsi le mathématicien n'est pas un analyste au sens aristotélicien du mot. Il procède par construction, et il va du particulier au général. Ce qui n'empêche pas, bien entendu, qu'il ne raisonne toujours *a priori*. Kant est dans le vrai lorsqu'il dit que l'édifice mathématique repose sur des jugements synthétiques *a priori*. Mais il n'a pas vu avec exactitude quels sont et ce que sont ces jugements : ce sont des raisonnements récurrents.

On peut dire qu'à la suite des études que nous venons de passer rapidement en revue, les idées maîtresses de la philosophie d'Henri Poincaré se trouvèrent fixées d'une manière définitive. Si nous cherchons à les résumer, nous pourrons, semble-t-il, les formuler comme il suit.

Les philosophes ont distingué trois sortes de jugements : jugements analytiques, jugements synthétiques *a priori*, jugements empirique. Ces types de jugements interviennent tous trois dans les mathématiques, mais on ne les a pas toujours distingués et dosés d'une manière correcte.

D'autre part, ces jugements ne sont pas les seuls que l'on rencontre en mathématique et en physique. Il y a, dans ces sciences, certaines propositions qui ne sont ni *a priori*, ni empiriques : jugements conventionnels, librement consentis par notre esprit, mais fondés néanmoins sur l'expérience. En d'autres termes, il se trouve à la base de la science un certain nombre d'axiomes qui sont des définitions déguisées ; ils sont adoptés — provisoirement tout au moins — en raison de leur simplicité et parce qu'ils s'adaptent bien aux faits que nous observons.

Mais, demandera-t-on, ces deux conditions imposées aux axiomes, d'être simples au regard de l'intelligence, et de s'accorder avec l'expérience, sont-elles sûrement compatibles ? À cette question qui fut la pierre d'achoppement de tant de philosophies — Poincaré ne pense pas que l'on puisse répondre *a priori*. Nous *constatons* qu'une science relativement simple permet d'expliquer les phénomènes courants. C'est là une chance heureuse qui aurait pu fort bien ne pas se présenter. C'est ainsi que si le système solaire, au lieu d'être isolé, se trouvait voisin d'étoiles grosses et nombreuses, dont l'attraction sur notre monde viendrait s'ajouter à celle du soleil, l'étude du mouvement de la terre deviendrait pratiquement impossible[7].

II

La doctrine que nous venons de résumer constitue le cadre dans lequel s'est déroulée la pensée philosophique d'Henri Poincaré à partir de 1895 environ. Nous allons maintenant signaler quelques-uns des résultats auxquels aboutit cette pensée.

Personne ne s'étonnera sans doute que les questions qui intéressent directement les progrès des sciences occupent la première place parmi les préoccupations d'Henri Poincaré. La plus grande partie de son œuvre philosophique est consacrée à la critique des notions scientifiques, faite du point de vue de la science elle-même.

Nous avons rappelé déjà comment Poincaré interpréta les axiomes fondamentaux de la géométrie. M. Bertrand Russell ayant donné en 1897 une nouvelle théorie de ces axiomes selon laquelle (lorsqu'ils ne sont pas empiriques) on pourrait les déduire analytiquement de notre croyance à la possibilité de l'expérience, Poincaré revint à la charge[8]. Il expliqua avec des détails nouveaux pourquoi la plupart des axiomes doivent être regardés comme conventionnels. Il montra[9] que pour diverses raisons — l'une des principales est la relativité de l'espace — nous ne pouvons

181

avoir aucune intuition directe des notions en apparence les plus simples, telles que celles de, distance, de direction ou de ligne droite.

Mais, si l'on veut vraiment voir clair dans les origines de la géométrie, il ne faut pas étudier cette science isolément. La distinction des objets géométriques, mécaniques et physiques n'a point de sens pour le psychologue et pour le philosophe ; Poincaré envisage donc toutes les sciences à la fois, et c'est là sans doute l'un des traits les plus originaux de sa critique philosophique.

Ainsi, nous avons dit plus haut que les pro-positions d'Euclide ne sont ni plus ni moins vraies que les théorèmes non-euclidiens. Mais nous n'avons justifié cette assertion qu'à l'intérieur du domaine de la géométrie. Pourrons-nous la maintenir lorsque nous adjoindrons à ce domaine ceux de la mécanique et de la physique ? Supposons, en d'autres termes, que nous construisions une mécanique et une physique mathématiques qui aient pour base la géométrie non-euclidienne au lieu de la géométrie euclidienne. Sera-t-il encore possible de prétendre que ces sciences nouvelles sont aussi vraies que la mécanique et la physique ordinaires ? Ne violeront-elles pas certains principes dont la vérité est universellement admise ?

Voici par exemple, le *principe de relativité*[10] d'après lequel l'état (température, potentiel électrique, etc.) d'un système de corps quelconques à un instant quelconque, et les distances mutuelles de ces corps, dépendent seulement de l'état initial des corps et de leurs distances mutuelles à l'instant initial, mais nullement de la position *absolue* initiale du système et de son orientation *absolue* initiale dans l'espace. Le principe s'impose à notre esprit parce qu'il est bien évident que nous ne pourrons jamais observer que des mouvements et des changements d'états relatifs. Nous l'érigeons donc en loi universelle de la nature. Eh bien ! Supposons que nous fassions une série d'expériences et que nous les interprétions dans l'hypothèse non-euclidienne (nous savons que dans cette hypothèse le mot « distance » n'a point le sens que lui donne la. géométrie ordinaire ; mais peu importe, du moment que notre langage a un sens conventionnel précis) : les expériences. ainsi interprétées seront-elles encore d'accord avec le principe de relativité ? Et, si l'accord n'a pas lieu, n'est-on pas en droit de dire que l'expérience a prouvé la fausseté de la géométrie non euclidienne ?

Henri Poincaré établit, par une analyse serrée, que cette éventualité ne pourra jamais se produire. Le principe de relativité s'appliquant par hypothèse à la totalité de l'univers, on ne pourrait le contrôler qu'en envisageant effectivement le monde tout entier, puisque les diverses parties de celui-ci réagissent toutes les unes sur les autres. Or, il est clair que si le système de corps que nous étudions est l'univers entier, aucune expérience ne pourra jamais nous renseigner sur sa position et son orientation *absolues :* ces mots même ne pourront plus avoir de sens. Le principe de relativité ne comporte, selon Poincaré, qu'un énoncé correct : « Les lectures que nous pouvons faire sur nos instruments à un instant quelconque dépendront seulement des lectures que nous aurions pu faire sur ces mêmes instruments à l'instant initial. » Or, un pareil énoncé est indépendant de toute interprétation des expériences. Si donc le principe est vrai dans l'interprétation euclidienne, il est également vrai dans l'interprétation non-euclidienne.

Tel est le point de vue auquel se place Henri Poincaré pour faire une critique définitive des notions géométriques. Ainsi, en particulier, nous avons dit tout à l'heure que c'étaient certaines expériences qui nous conduisaient à adopter les conventions traditionnelles de la géométrie de préférence à d'autres. Pour interpréter correctement les expériences dont il est ici question, il est indispensable de remarquer qu'elles ne sont point géométriques : ce sont des expériences de mécanique si l'on opère sur des corps solides ; ce sont des expériences d'optique si l'on opère sur des rayons lumineux ; ce ne sont jamais des expériences de géométrie. Et c'est là la raison profonde pour laquelle les conventions de la géométrie resteront toujours invérifiables.

Au premier congrès international de philosophie tenu à Paris en 1900, Henri Poincaré présenta un important mémoire[11] où il étudie et discute les principes de la mécanique rationnelle.

Supposons admis, sous les réserves que nous avons déjà indiquées ou que nous indiquerons plus loin, les notions d'espace et de temps absolus et les théorèmes de la géométrie euclidienne ; et demandons-nous quels sont les postulats nouveaux introduits dans la science par la mécanique classique.

Cette mécanique — que l'on peut appeler « mécanique des forces centrales » parce qu'elle ramène tous les mouvements de la nature aux mouvements de points matériels agissant ou réagissant les uns sur les autres suivant les droites qui les joignent — cette mécanique repose sur certaines notions spéciales nouvelles (vitesse, accélération, masse, force) et sur certaines lois admises *a priori* telles que la *loi d'inertie* et la *loi de l'accélération*.

C'est sur ces deux lois que porte principalement la discussion d'Henri Poincaré.

La *loi d'inertie*, d'après laquelle le mouvement d'un corps qui n'est soumis à aucune force ne peut être que rectiligne et uniforme, se réduit en somme ; pour le mathématicien, à cette affirmation : les mouvements de toutes les molécules matérielles de l'univers dépendent d'équations différentielles du second ordre. Or, il est clair qu'*a priori* rien ne nous oblige à croire qu'il en soit ainsi. Seulement nous constatons que la loi se vérifie dans les cas particuliers qui se présentent à nous. Et cela suffit pour que nous puissions l'étendre sans crainte aux cas les plus généraux, parce que dans ces cas généraux la loi devient invérifiable. Comme nous l'avons remarqué déjà à propos du principe de relativité, il faudrait, pour infirmer ou confirmer la loi dans son acception générale, faire une expérience portant sur l'univers entier : or, cela est évidemment impossible.

L'étude de la *loi de l'accélération,* — d'après laquelle l'accélération d'un corps est égale à la force qui agit sur lui, divisée par sa masse — conduit à des conclusions semblables. La notion de force ne s'impose à nous ni subjectivement, ni objectivement. Les masses sont de simples coefficients qu'il est commode d'introduire dans les calculs. En somme, nous pouvons caractériser l'origine de toutes les notions et lois mécaniques par la formule suivante : ces notions et ces lois sont tirées de l'expérience, et cependant l'expérience ne pourra jamais ni les confirmer, ni les contredire.

La mécanique dont nous venons de parler est la mécanique pure, considérée en elle-même. Si nous appliquons maintenant cette science à la physique, la justesse des observations qui précèdent apparaîtra plus nettement encore.

En effet, pour expliquer mécaniquement les phénomènes physiques, on admet qu'ils sont liés aux mouvements de molécules que nous ne voyons pas.

Supposons alors qu'une loi mécanique, par exemple la loi d'inertie, semble contredite par une expérience. Il sera facile de la mettre à l'abri en imaginant qu'un nouveau corps invisible — que nous ne considérions pas tout d'abord — intervient dans le phénomène observé. « Si l'accélération d'un des corps que nous voyons nous paraît dépendre *d'autre chose* que des positions ou des vitesses des autres corps visibles ou des molécules invisibles dont cous avons été amenés à admettre l'existence, rien ne nous empêchera de supposer que cette *autre chose* est la position ou la vitesse d'autres molécules dont nous n'avions pas jusque-là soupçonné la présence. La loi se trouvera sauvegardée. »

Mais la physique fondée sur la mécanique des forces centrales n'est plus celle de nos contemporains. Une nouvelle physique, une nouvelle mécanique se sont constituées, qu'il est nécessaire d'examiner et de critiquer à leur tour.

En quoi consiste la transformation qui commença à s'opérer dans la science dès le début du siècle dernier ?

« On renonça — dit Poincaré — à pénétrer dans le détail de la structure de l'univers, à isoler les pièces de ce vaste mécanisme, à analyser une à une les. forces qui les mettent en branle, et on se contenta de prendre pour guides certains principes généraux qui ont précisément pour objet de nous dispenser de cette étude minutieuse.[12] » Ces principes admis *a priori* sont, par exemple, le principe de la conservation de l'énergie, le principe de Carnot, le principe de la relativité. Que valent-ils au regard du raisonnement et devant l'expérience ?

Nous pouvons raisonner sur ces divers principes comme nous l'avons fait plus haut à propos du principe de relativité[13] et de la loi d'inertie. Les principes ne peuvent pas être vérifiés. On ne pourrait en effet les éprouver par l'expérience et le raisonnement combinés qu'en leur donnant une valeur absolue, en les appliquant jusqu'au bout et à l'ensemble de l'Univers. Or, lorsque l'on donne aux principes une pareille extension, on s'aperçoit qu'ils ne peuvent plus être ni vrais ni faux. Ils s'évanouissent et se réduisent à de simples tautologies. Concluons de là que les principes sont hors de toute atteinte, mais aussi qu'il pourra être opportun de les abandonner un jour ou l'autre si nous avons à étudier des phénomènes qui nous obligent à étendre outre mesure leur champ d'application ; il se pourrait en effet que, dans ces conditions nouvelles, les principes perdissent toute leur fécondité.

C'est ainsi qu'à la suite d'une critique philosophique approfondie, Poincaré se trouvait amené aux idées que ses premières études de physique mathématique avaient à l'avance fait chez lui, et qu'il exposait déjà nettement dans la préface de sa *Thermodynamique* (1892). Ces idées étaient depuis longtemps, et complètement, arrêtées dans son esprit lorsque les découvertes inattendues que suscita l'étude du radium vinrent leur donner une nouvelle et bien remarquable confirmation.

Nous ne rappellerons pas ici les faits qui ont, depuis quelques années, bouleversé le monde savant. Ces faits sont aujourd'hui connus de tous. Henri Poincaré les discuta à plusieurs reprises et, en particulier, dans deux séries de conférences professées à Saint-Louis en 1904 puis à

Göttingen en 1909. Il se complut à tirer des hypothèses proposées pour les expliquer toutes les conséquences qu'elles comportent. Avec la théorie d'Abraham, le principe de relativité est battu en brèche. Avec la théorie de Lorentz, c'est la notion même de masse qui s'évanouit. De toute façon, les principes sont assaillis de tous les côtés et certains d'entre eux sont d'ores et déjà condamnés. Poincaré prévoit l'objection qu'on va lui adresser[14] : « N'avez-vous pas écrit que les principes, quoique d'origine expérimentale, sont maintenant hors des atteintes de l'expérience parce qu'ils sont devenus des conventions ? Et maintenant vous venez nous dire que les conquêtes les plus récentes de l'expérience mettent ces principes en danger. » Mais, pour ceux qui ont lu Poincaré, l'objection est sans valeur. En effet, Poincaré a toujours expressément prévu le cas où certains principes classiques de la science devraient être un jour abandonnés ; et nous avons justement indiqué tout à l'heure, *a priori* comment et dans quelles circonstances ce cas pourrait se présenter.

L'œuvre critique dont nous venons de retracer les grandes lignes aurait suffi peut-être à un penseur qui n'eût été qu'un mathématicien professionnel. Mais la curiosité d'Henri Poincaré ne s'arrêtait pas aux limites de la science exacte. Il regardait au delà. Au lieu d'accepter les définitions et les axiomes, à la manière de Hilbert, comme des décrets arbitraires dont on ne cherche pas à pénétrer le sens, il voulait en connaître les origines lointaines — prélogiques, pourrait-on dire — et la genèse psychologique. Il n'y a pas, écrit Poincaré, de logique et d'épistémologie indépendantes de la psychologie. Si donc nous voulons pénétrer à fond une notion telle que celle de l'espace, et comprendre les raisons des propriétés que le sens commun lui attribue, il nous faut recourir à l'introspection, analyser en détail nos sensations et chercher comment l'homme peut parvenir progressivement à former cette notion dans son esprit. Intéressante en elle-même, cette synthèse psychologique apportera d'ailleurs à la théorie de la science, telle que nous l'avons esquissée plus haut, un complément fort utile. Par exemple, nous avons dit que les hypothèses de notre géométrie nous étaient suggérées par les propriétés des corps solides. La psychologie nous apprendra que cette opinion est plus vraie encore que nous ne le pensions : car, si on va au fond des choses, on s'aperçoit de la raison principale pour laquelle la géométrie des corps solides nous paraît être commode, est que les différentes parties de notre corps jouissent précisément des propriétés des corps solides. Et les expériences qui légitiment cette géométrie sont avant tout des expériences de physiologie. portant, non sur les objets extérieurs, mais sur notre corps.

Henri Poincaré est revenu plusieurs dois sur la question de l'espace, apportant successivement divers compléments et faisant quelques retouches à la théorie fort ingénieuse qu'il avait proposée pour la première fois[15] en 1895. C'est encore à cette théorie qu'est consacré son dernier article philosophique, celui que publia la *Revue de Métaphysique* en juillet 1912. Les résultats assez complexes auxquels est parvenu Poincaré ne peuvent pas être résumés en quelques lignes. Nous nous bornerons donc, sur ce point, à des indications très succinctes.

C'est, nous l'avons vu, l'étude des axiomes géométriques qui, de bonne heure, avait amené Poincaré à repousser la théorie kantienne de l'espace. L'espace n'est pas une forme *a priori* de notre sensibilité : Poincaré s'en était convaincu avant même d'avoir trouvé une explication satisfaisante de ce fait singulier, fort embarrassant pour les adversaires de Kant, que l'espace possède trois dimensions. D'autre part, Poincaré pensait avoir prouvé contre Russell que les propriétés de l'espace ne peuvent pas être déduites analytiquement de notre croyance à la possibilité de l'expérience. Il lui restait à expliquer à son tour la genèse de l'espace géométrique conformément à sa propre conception de la science ; il lui fallait établir que l'espace est construit par l'esprit, librement, mais à l'occasion de l'expérience ; et surtout il lui fallait faire comprendre pourquoi l'espace a trois dimensions (car si nous construisons l'espace librement, d'où vient que le nombre de ses dimensions nous soit imposé ?)

Poincaré se représente donc un être humain vierge de toute connaissance géométrique, et il se demande tout d'abord ce qu'est pour un tel être un continu physique, c'est-à-dire un continu ne jouissant encore d'aucune des propriétés qui caractérisent l'espace géométrique, il montre ensuite comment, en vertu d'iule Première convention (convention fondamentale), on peut distinguer plusieurs dimensions dans les continus physiques. Enfin, il fait voir comment, avec les éléments fournis par les continus physiques qui correspondent à ses divers sens, l'homme est en mesure de *construire* différents types d'espaces : espace visuel, espace tactile, — ou plutôt espaces tactiles, car nous pouvons utiliser tels ou tels de nos doigts espaces moteurs. Ce sont des sensations musculaires qui interviennent dans la construction de ces divers espaces (sans excepter l'espace visuel), et le point de départ de la construction est la distinction que nous établissons entre certaines modifications particulières des corps, appelées par nous « déplacements », et leurs autres modifications, lesquelles sont des « changements d'état ». C'est parce que les « déplacements » sont possibles (Poincaré explique longuement ce que signifie cette affirmation pour un homme qui ignore encore la géométrie), c'est parce que les déplacements sont possibles que la notion d'espace se forme en nous.

Cependant les divers espaces, visuel, tactiles ou moteurs, ne sont pas encore géométriques, et ils peuvent d'ailleurs avoir plus de trois dimensions[16]. C'est en comparant et associant ces espaces entre eux que nous parvenons enfin à l'espace des géomètres, dont l'irrémédiable *relativité*[17] se trouve ainsi établie sans contestation possible.

Pourquoi maintenant l'espace des géomètres a-t-il trois dimensions ? Ce n'est point par nécessité. Nous ne sommes pas forcés de donner trois dimensions à l'espace, mais cela nous est commode. — Fort bien, répondra-t-on, mais croyez-vous qu'il vous serait possible de faire autrement. — Oui, répliquait Poincaré sans hésiter dans son premier article sur la géométrie. Nous sommes sans doute attachés à l'espace à trois dimensions par une tradition et des habitudes ancestrales difficiles à vaincre ; mais « quelqu'un qui voudrait y consacrer sa vie arriverait à se figurer l'espace à quatre dimensions ». Et en effet, c'est l'observation de l'*ordr*e dans lequel se succèdent nos sensations qui donne naissance, en fin de compte, à la notion d'espace. Or, s'il nous est impossible d'imaginer des sensations différentes de nos sensations normales, nous pouvons par contre, avec quelque effort, imaginer une succession de sensations, individuellement pareilles à nos sensations normales, mais se succédant dans un ordre anormal. Des êtres qui éprouveraient nos sensations normales dans cet ordre anormal construiraient un espace, différent du nôtre, qui pourrait avoir quatre dimensions.

Entendons-nous bien, cependant. En dépit de certaines formules, un peu paradoxales, que l'on s'est trop complu à relever dans ses livres, Poincaré n'a jamais soutenu que nous puissions effectivement, en renonçant volontairement à la simplicité de notre Science, construire un espace à quatre dimensions. Il pense au contraire que le continu physique particulier d'où est tirée notre notion d'espace est un continu à trois dimensions ; et c'est pour établir rigoureusement te fait qu'il écrivit son dernier article de la *Revue de Métaphysique*. Par contre, Poincaré admet que si notre faculté d'intuition avait été dirigée par l'expérience autrement qu'elle ne le fut, nous aurions peut-être donné quatre dimensions à l'espace.

Il n'y a, on le devine, que peu de choses à changer à la discussion qui vient d'être faite pour l'appliquer à la notion de temps, notion que Poincaré analyse à son tour afin d'en faire ressortir la relativité et le caractère conventionnel.

Nous n'avons pas l'intuition directe de la simultanéité, pas plus que celle de l'égalité de deux durées. Nous suppléons à ce défaut d'intuition en appliquant certaines règles, le plus souvent inconsciemment. D'ailleurs, nous choisissons ces règles de préférence à d'autres parce qu'elles sont les plus commodes. Elles sont le fruit d'un « opportunisme inconscient[18] ».

Remarquons en outre que, dans la physique nouvelle, le temps paraît de plus en plus être assimilable à une quatrième dimension de l'espace[19]. Tous les caractères de la notion d'espace se retrouvent donc dans celle du temps.

Tels sont, brièvement résumés, les résultats de la critique psychologique d'Henri Poincaré. L'une des conclusions les plus remarquables auxquelles conduit cette critique est sans doute la suivante : entre la plus grossière des connaissances fondées sur les sens, et les connaissances scientifiques, il n'y a point de fossé infranchissable. C'est par une élaboration progressive que la notion de continu tactile, par exemple, devient la notion géométrique de l'espace. C'est en vain que l'on chercherait à nier les origines roturières de la science.

Qu'on ne s'y trompe pas, cependant. En déclarant qu'il y a continuité entre les divers mode de connaissance, Poincaré n'entend pas abaisser la science. Il anoblit bien plutôt la connaissance vulgaire en la rapprochant du raisonnement mathématique ; car il n'y a selon lui qu'une seule manière de savoir, qui est la manière du savant. C'est là un trait qu'il importe de bien saisir si l'on veut comprendre les idées de Poincaré sur les rapports des sciences à la philosophie et le point de vue où il se place pour discuter les notions qui ne sont pas purement scientifiques.

Lorsque, par exemple, Poincaré décrit la genèse de la notion de temps, il spécifie bien qu'il ne considérera que le temps mesurable, le temps quantitatif ; quant à la durée bergsonienne, à supposer qu'elle soit quelque chose, il ne faut pas chercher à la connaître.

Lisons, d'autre part, pour prendre un autre exemple, le mémoire sur *l'Évolution des lois* présenté par Henri Poincaré au Congrès de philosophie de Bologne (1911).

Il s'agit de savoir si les lois de la nature peuvent changer, au sens historique ou chronologique du mot, c'est-à-dire peuvent être autres dans le présent qu'elles n'étaient dans le passé et qu'elles ne seront dans l'avenir. En appliquant à ce problème ses méthodes habituelles de raisonnement, Poincaré montre que le savant a toujours le droit d'admettre que les lois sont immuables. Si en effet il était un jour reconnu qu'une loi, regardée jusqu'alors comme absolue, n'a en réalité qu'une valeur transitoire, on imaginerait aussitôt une nouvelle loi, plus générale et plus compréhensive, dans laquelle viendrait se fondre la loi tombée en disgrâce. Les mathématiques nous donnent l'assurance que l'on pourra toujours procéder ainsi. En effet, l'ensemble des lois qui régissent un groupe de phénomènes s'expriment par un système d'équations différentielles ; par conséquent, déclarer que les lois varient avec le temps, c'est déclarer que les équations différentielles dépendent du temps, c'est-à-dire renferment la variable t (qui représente le temps) ; mais il est toujours possible de remplacer un système d'équations dépendant de t par un système équivalent qui ne contient pas t : ce nouveau système définira un ensemble de lois immuables dont les effets sont identiques aux lois variables d'où l'on est parti.

Cette argumentation nous montre que, pour Poincaré, le mot *loi* ne saurait avoir plusieurs sens. Les lois naturelles, selon lui, sont, comme toutes les lois, le fait du savant : affirmation un peu surprenante en apparence, car ce qu'on appelle d'ordinaire « loi naturelle », n'est-ce pas précisément ce qui n'est subjectif à aucun degré ? Mais la loi objective est quelque chose d'absolument inconnaissable, dont nous n'avons pas à nous occuper. « Les lois, considérées comme existant en dehors de l'esprit qui les crée ou qui les observe, sont-elles immuables en soi ? La question est insoluble. »

Ces réflexions, encore que Poincaré ne s'y arrête pas, sont intéressantes à relever. Elles mettent bien en lumière la physionomie générale de la philosophie que nous venons d'esquisser.

Henri Poincaré, nous l'avons dit, ne s'est point confiné dans le domaine des notions purement scientifiques. En revanche, il a toujours présent à l'esprit le schéma de la connaissance exacte avec lequel sa pensée s'est pour ainsi dire identifiée. Une matière qui n'offre aucune espèce de prise au raisonnement du type mathématique ne peut pas être, selon lui, objet de savoir.

III

Nous avons essayé de montrer, dans les pages qui précèdent, quel fut le point de départ des spéculations d'Henri Poincaré sur la philosophie des sciences, et où ces spéculations l'ont conduit. Nous pourrions nous arrêter là s'il était permis d'isoler la pensée de Poincaré des divers mouvements philosophiques dont notre époque a vu le flux et le reflux. En fait, les controverses auxquelles il fut mêlé l'ont amené, comme nous l'avons dit déjà, à préciser et à commenter certaines de ses conclusions, soient qu'elles aient été mal comprises, soient qu'elles n'aient pas paru suffisamment convaincantes. Il est donc indispensable de dire ici quelques mots de ces controverses.

Henri Poincaré avait déjà exposé depuis plusieurs années sa théorie de la convention mathématique lorsqu'il s'aperçut qu'un petit groupe de philosophes était en train de s'emparer du mot et de l'idée pour en faire un usage assez aventureux. Les affirmations catégoriques de ces philosophes ne pouvaient manquer de les faire regarder comme les représentants d'une école, et on les appelait « les nominalistes ». Poincaré allait-il, sans l'avoir voulu, être englobé dans cette école ? M. Le Roy écrivait, par exemple, que la.science tout entière repose sur des conventions, que ces conventions sont arbitraires, que ce sont des définitions déguisées, et qu'elles n'ont d'autre titre à être adoptées que leur commodité et leur utilité en vue de l'action. N'était-ce point là presque textuellement les paroles d'Henri Poincaré ? Ce les étaient si apparemment que lorsque Poincaré crut devoir prendre ouvertement parti contre les nominalistes et les pragmatistes, nombre de personnes crurent à un revirement de sa part ; à moins qu'elles ne préférassent continuer à le ranger, malgré luit parmi les adeptes de la nouvelle école.

Et, pourtant, Henri Poincaré n'avait aucune peine à montrer que ses idées avaient toujours été opposées à celles

(les nominalistes. Il lui suffisait pour cela de citer et de discuter une petite phrase de M. Le Roy : « *le savant crée le fait.* » Non, déclare Henri Poincaré, le savant ne crée pas le fait ; il ne crée que le langage dans lequel il énonce les faits ; et c'est ce que j'ai toujours dit. J'ai expliqué que les géométries euclidienne et non-euclidienne parlaient des langues différentes, mais exprimaient les mêmes vérités et que l'on pouvait les traduire l'une dans l'autre comme on traduit de l'allemand en français, qu'il suffisait pour cela de construire une sorte de dictionnaire indiquant quels sont les termes des deux géométries qui se correspondent l'un à l'autre. Voilà qui est, semble-t-il, suffisamment précis. D'ailleurs, Poincaré n'a pas cessé de répéter que les conventions ne sont nullement arbitraires. Sans doute, ainsi qu'il l'a soutenu contre Russell, auteur des *Fondements de la Géométrie*, les notions scientifiques ne sont pas imposées par l'expérience ; mais le fait brut s'impose à nous.

À peine en avait-il fini avec les nominalistes que Poincaré engageait un nouveau débat, — contre les logiciens doctrinaires, cette fois, ceux que l'on a parfois appelés « les panlogiciens ».

D'après les panlogiciens, la science théorique tout entière se réduirait à la logique : toutes ses propositions pourraient être déduites analytiquement d'un petit nombre de notions et d'axiomes posés *a priori*. C'est là, en particulier, ce que soutiennent M. Russell — Russell auteur des *Principes des Mathématiques* — et les philosophes auxquels M. Couturat a donné le nom de « logisticiens ». C'est ce que veulent réaliser également certains mathématiciens logiciens qui cherchent à généraliser l'emploi de la méthode axiomatique de Hilbert.

À tous ces panlogiciens Poincaré objecte que les axiomes d'où part le savant ne peuvent pas être posés d'une manière quelconque. Leur choix ne serait indifférent que s'ils étaient tous, comme on le veut prétendre, des définitions déguisées : en ce cas, évidemment, ce seraient des décrets arbitraires, et il n'y aurait pas lieu de s'inquiéter de leur origine. Mais il en va autrement si les axiomes ne peuvent pas être assimilés à des définitions. La question fondamentale qui se pose au début de la science n'est point alors de savoir par quel processus se combinent notions et axiomes, mais bien comment ceux-ci sont obtenus, et comment nous sommes assurés qu'ils sont légitimes. Or, c'est là une question extra-logique.

Pourra-t-on du moins soutenir qu'une fois les premiers axiomes posés, toutes les mathématiques se font avec des définitions et des raisonnements analytiques ? Henri Poincaré ne pouvait l'admettre, lui qui avait mis en évidence le caractère synthétique du type de raisonnement spécialement mathématique : le raisonnement récurrent ou induction complète. C'est le principe de cette induction qui est, selon Poincaré, la pierre d'achoppement des panlogiciens ; certains prétendent s'en passer ou le considérer comme une définition. D'autres veulent le démontrer. Contre les uns et les autres, Poincaré maintient la spécificité du principe de l'induction complète[20] ; et en cherchant à éclaircir les difficultés auxquelles ont donné lieu, récemment, la théorie des ensembles et la logique de l'infini, il est amené à souligner de plus en plus le rôle joué par ce principe. En somme, déclare Poincaré, il n'y a de science que du fini ; un objet qui ne pourrait être défini par un nombre limité de mots serait un pur néant, et les théories où il est question de l'infini actuel ne sont qu'une traduction, dans un langage commode, de certaines propriétés des quantités finies. Néanmoins, les mathématiciens ont en eux le pouvoir de s'élever au-dessus des combinaisons limitées qui ressortissent à la logique, et de raisonner sur l'infini virtuel : et ce pouvoir, c'est l'induction complète qui le leur donne.

Tandis qu'il discutait avec les logiciens, une remarque s'imposait de plus en plus à Henri Poincaré. L'erreur des panlogiciens provient de ce qu'ils ne veulent raisonner que sur la science déjà faite. Or, la science la plus instructive pour le philosophe, c'est la science qui se fait ; si nous voulons connaître les caractères les plus profonds de la pensée mathématique, c'est au moment de l'invention qu'il faut la saisir.

Poincaré ne s'était guère préoccupé du problème de l'invention darce ses premiers écrits, et nous comprenons facilement pourquoi. Il voulait faire de la critique objective, il voulait rester placé sur le terrain des faits scientifiques. Or, quoi de plus individuel, quoi de plus fuyant que l'invention ? Lorsque pour la première fois, dans une conférence faite à l'Institut psychologique en 1908, Poincaré aborda en face l'étude de cette faculté mystérieuse, il voulut donner aux remarques qu'il présentait un caractère personnel, pour ne pas dire auto-biographique. Il hésitait à généraliser ses observations, qui, disait-il, restaient malgré tout bien hypothétiques, aussi bien ne lui était-il pas possible de les expliquer complètement. À la suite d'un long travail inconscient ou subconscient, dit Poincaré, l'idée décisive jaillit tout à coup comme un éclair et elle s'impose immédiatement avec une certitude absolue. Pourquoi ? Comment ? Nous l'ignorons. Le psychologue doit se contenter de donner un nom à cette vision instantanée de l'esprit qui se manifeste dans l'invention : il l'appelle « intuition ». Cependant le mot « intuition » est ambigu. Henri Poincaré lui-même ne l'a pas toujours employé dans le même sens. L'intuition dont il parlait naguère était le plus souvent une intuition des sens, ou tout au moins de l'imagination, intuition qui ne peut nous donner ni la rigueur, ni même la certitude[21]. Klein est un intuitif parce qu'il s'aide du geste pour penser ; il voit, il cherche à peindre. Hermite, au contraire, est du côté des logiciens avec Méray et Weierstrass. Poincaré nous avertit, il est vrai, qu'il existe une autre intuition que celle des sens ou de l'imagination : l'intuition du nombre pur ; mais il ne s'y arrête point dans ses premiers écrits.

Il y devait, cependant, revenir plus tard, et avec une grande insistance. C'est de l'intuition pure, c'est de l'intuition suprasensible qu'il veut parler lorsqu'il déclare que la logique ne peut rien sans le secours de l'intuition, que l'intuition est l'instrument essentiel de la pensée mathématique. Et alors, il est conduit à modifier sa classification primitive des mathématiciens ; il rangera désormais Hermite parmi les intuitifs, parmi ceux qui savent le mieux utiliser cette faculté de vision intellectuelle dont Platon déjà affirmait l'existence[22].

Telles sont les vues qu'Henri Poincaré exprime avec une netteté de plus en plus grande dans ses derniers écrits. Il renonce à la certitude objective pour pénétrer plus avant dans le secret de la genèse des mathématiques. Déjà il avait tenté d'expliquer l'origine psychologique et physiologique de notre notion d'espace. Il cherche maintenant comment nous prenons possession des notions de l'analyse pure.

L'importance de ces dernières spéculations d'Henri Poincaré n'échappera pas au monde philosophique. À première vue, on pourrait être tenté de croire que Poincaré a surtout été un négateur. Il a montré avec beaucoup de force comment les opinions classiques sur la science sont contredites par les faits. Mais sa doctrine positive est-elle suffisamment complète ? Quelle idée doit-on se faire de ces principes scientifiques qui ne sont pas empiriques, mais sont néanmoins tirés de l'expérience qui ne sont pas synthétiques *a priori*, mais sont néanmoins créés par l'esprit, qui ne sont pas des définitions arbitraires, mais sont néanmoins des conventions ? Il était inévitable que Poincaré fût sollicité de préciser sa pensée. C'est ainsi qu'il a été amené à formuler — plus explicitement qu'il ne l'avait fait tout d'abord — ses idées sur l'intuition.

Henri Poincaré serait-il allé plus loin dans cette voie ? Aurait-il tenté de donner à sa philosophie de nouvelles bases psychologiques et même métaphysiques ? Cela est possible, cela est probable. Et cependant, telle qu'elle est, son œuvre se suffit : elle pose des points d'interrogation, mais, toutes les fois qu'elle affirme, il semble bien qu'elle puisse défier la critique et le temps, car elle s'appuie directement sur les faits. Grâce à la sûreté de sa méthode, Poincaré n'a jamais eu à revenir en arrière. Les philosophes ont eu beau inventer de nouveaux systèmes, et les savants découvrir de nouveaux phénomènes, il a pu rester sur ses positions, et sa doctrine n'a évolué que pour s'enrichir. Bien qu'il ne soit plus là, hélas ! pour la défendre, elle résistera sans nul doute aux assauts que lui réserve l'avenir.

PIERRE BOUTROUX

1. ↑ L'essentiel de cette œuvre se trouve dans les volumes qu'a publiés la Bibliothèque de philosophie scientifique : *Science et hypothèse* (1902), *La valeur de la science* (1905), *Science et méthode* (1908), *Dernières Pensées* (1913).
2. ↑ H. POINCARÉ, *Notice sur ses travaux scientifiques*, mise à jour en 1902. Cette nouvelle rédaction de la notice d'Henri Poincaré est encore inédite. Elle paraîtra prochainement dans les *Acta Mathematica*.
3. ↑ Nous raisonnons ici comme si l'espace était absolu. Mais ce n'est là, comme nous le verrons plus loin, qu'une convention de langage, une manière de s'exprimer.
4. ↑ Helmholtz, on le sait, a soutenu une thèse analogue.

5. ⇡ On dit qu'un ensemble déterminé de mouvements constitue un groupe, si toute combinaison de deux d'entre eux, équivaut à un mouvement unique faisant également partie de l'ensemble.

6. ⇡ Ce raisonnement est souvent appelé aujourd'hui « induction complète ».

7. ⇡ À la question que nous indiquons ici s'en rattache une autre plus générale. La science que considère POINCARÉ est uniquement, remarquons-le, celle à laquelle on peut donner la forme mathématique. Et, dès lors, un problème préliminaire se pose. Pourquoi les mathématiques sont-elles applicables à l'étude des phénomènes physiques ? C'est là, évidemment, un fait ; mais comment s'explique ce fait ? HENRI POINCARÉ a traité cette question dans un mémoire présenté au Congrès international de Physique, en 1900. La physique mathématique est possible, dit-il, parce qu'il y a dans la nature de l'unité, de la simplicité et de la continuité. Ces trois caractères se manifestent dans les phénomènes que nous réussissons à observer. La croyance nait alors en nous qu'ils se retrouveront également dans les phénomènes non encore observés ; et c'est sur cette croyance qu'est fondée notre science. — Pour mieux comprendre la pensée d'HENRI POINCARÉ sur ce point, nous pouvons la rapprocher de la remarquable théorie du hasard qu'il a exposée en 1907 (*Revue du Mois*, mars 1907, et *La Valeur de la Science*, chap. IV). L'homme attribue au hasard les événements qui sont produits par des causes très petites ou très complexes. Mais comment se fait-il que le hasard ait des lois ? Il n'y a pour cela aucune raison *a priori*. Si nous pouvons construire une science du hasard et l'étudier par le calcul, c'est parce que nous commençons par admettre que la probabilité d'un événement déterminé est une fonction continue de cet événement, et que, par conséquent, si l'événement varie très peu, sa probabilité varie également très peu ; deux événements très voisins l'un de l'autre sont à très peu de chose près également probables. Ainsi, ici encore, c'est la croyance à la continuité des phénomènes qui est à la base de la théorie édifiée par les savants ; et cette croyance est fondée sur l'expérience, quoiqu'elle ne soit pas prouvée par elle.

8. ⇡ *Des fondements de la géométrie à propos d'un livre de M. Russell* (*Revue de métaphores. et de Moi.*, 1899).

9. ⇡ Voir, par exemple, *Science et méthode*, liv. II, ch. I. Nous reviendrons tout à l'heure sur la genèse de la notion d'espace. Nous ne parlerons actuellement que des concepts spécialement géométriques qui se greffent sur cette notion générale.

10. ⇡ Il s'agit ici de la *relativité* que POINCARÉ a appelée *physique* dans ses dernières conférences (voir *Scientia*, septembre 1912 ; Cf. *Dernières*

pensées, p. 42 et suiv.). La *relativité* à laquelle nous avons fait allusion ci-dessus à propos du livre de RUSSEL sur les fondements de la géométrie, et dont il sera de nouveau question tout à l'heure, est une relativité beaucoup plus générale, que Poincaré appelle *relativité psychologique.*

11. ↑ Cf. *Science et hypothèse,* chap. VI.

12. ↑ *La Valeur de la science,* p. 175.

13. ↑ L'étude critique du principe de relativité pose une question délicate dont HENRI POINCARÉ a fait une étude spéciale (*Mémoire présenté au Congrès de philosophie,* 1900, et *Science et hypothèse,* chap. VII). Ce principe, en effet, se heurte à d'assez graves difficultés au sein même de la mécanique rationnelle. Si, par exemple, nous faisons abstraction des corps célestes et étudions en eux-mêmes les mouvements terrestres, il semble que ces mouvements ne devraient pas dépendre du mouvement absolu, par conséquent de la rotation. de la terre : or, ils en dépendent ; faut-il donc abandonner le principe de relativité et admettre, comme Newton, que l'existence de l'espace absolu peut être démontrée ? Poincaré montre que la difficulté n'est qu'apparente et que la déduction de Newton n'est point rigoureuse. Sans doute, diverses considérations pratiques incitent les mécaniciens à raisonner et à calculer comme s'il existait un espace absolu ; mais ce n'est là qu'une hypothèse commode, et une hypothèse qui, au point de vue purement philosophique, n'est point même, semble-t-il, la plus satisfaisante qu'on puisse faire.

14. ↑ *La Valeur de la science,* p. 207.

15. ↑ Le premier article d'HENRI POINCARÉ sur l'espace, légèrement remanié, est devenu le chapitre IV de *Science et hypothèse.* À ce chapitre font suite les chapitres III et IV de *La Valeur de la science* et le chapitre Ier de *Science et méthode.*

16. ↑ *La Valeur de la science,* p. 69 et suiv. ; *Rev. de métaphore.,* 1912, p. 488 et suiv.

17. ↑ Relativité *psychologique* (*vide supra* p. 231, note 1)

18. ↑ *La Valeur de la science, chap. II.*

19. ↑ *L'Espace et le temps,* appui *Scientia,* septembre 1912, p. 170.

20. ↑ Il ne nous est pas possible d'entrer dans le détail de l'argumentation d'HENRI POINCARÉ. Une grande partie de cette argumentation n'a d'ailleurs plus qu'un intérêt historique, car ceux contre qui elle est dirigée — RUSSELL en particulier, — ont modifié leurs théories. Après Russell, ce sont principalement Hilbert et Zermelo qui sont visés par POINCARÉ.

21. ↑ *La Valeur de la science,* p. 17.

22. ↑ Cf. *La Logique de l'infini* apud *Scientia,* juillet 1912.